水力発電が日本を救う

ふくしまチャレンジ編

元国土交通省河川局長
竹村公太郎［監修］
福島水力発電促進会議［編］

東洋経済新報社

監修によせて

竹村公太郎

前著、『水力発電が日本を救う』（東洋経済新報社刊）で、日本の水力発電には巨大な潜在的可能性があることを述べたところ、非常に大きな反響があった。幸いにして、平成二八年（二〇一六年）八月の出版以来、ベストセラーとなり、各方面から「もっと内容を詳しく知りたい」というお声をいただき、水力発電の可能性についての理解が広がることとなった。

なかでも特に熱心だったのは福島県の人々だった。福島県では平成二三年（二〇一一年）の東日本大震災と福島第一原発の事故により、全国のどこよりも切実な形で、これからのエネルギーの在り方が問われており、県を挙げて再生可能エネルギーの開発に取り組んでいる。また、包蔵水力の豊かな地方であり、明治という早い時期から水力発電の開発が進められてきた歴史もある。

そのため、水力発電の可能性に強い興味を持つ人が福島県には多く、出版からわずか数カ月後には講演の依頼があり、平成二九年（二〇一七年）の二月には早くも福島で講演が実現した。そして、既に開発し尽くされたと思われがちな福島県の河川においても、水力発電にはさらなる可能性があり、ぜひとも新しい開発計画を立てて実践すべきだという私の主張に、政官民を問わず多くの賛同が得られた。

それが機縁となり、同年六月に私が座長として発足から参加させてもらうこととなった組織が、福島水力発電促進会議である。

この会議の目的は、官民連携による福島県内ダム施設などを最大限活用した、純国産の環境に負荷の少ない水力発電事業の促進と、この事業の収益を活かして水源地域の復興や振興を目指すことである。

その趣旨に則り、福島水力発電促進会議では、水力発電増強を実践すべく、様々な計画を推進しているが、その過程では色々な問題点が浮かび上がってきた。

本書は、そうした数々の問題点と、それらを解決するための方策や提案などについて具体的に述べたもので、いわば、前著の実践編に当たる。

水力発電増強にとって、問題解決の最も重要なカギは、河川法という法律を改正し、条文の中の河川利用の目的の一つとして、「水力エネルギーの最大活用」という文言を加えることだと考えている。本書をお読みになれば、具体的な計画の進行を追いながらリアルな感覚で、問題点が見えてくると思う。河川法改正が必要であることを、無理なくご理解いただけるのではないだろうか。

水力発電には、大きな潜在的可能性が眠っている。自然を大きく破壊することなく、資金的な無理をすることもなく、現在の二倍から三倍の電力を生み出す可能性を秘めている。そして、水力発電の大きな潜在力が現実に開発されれば、現在、日本が直面しているエネルギー政策の転換期にあって、再生可能エネルギーの開発をひときわ加速させるためのテコの役割を果たせるだろう。

本書を読んで、水力発電増強のこうした意義について知っていただけたなら、どうか、なるべく多くの人にこの事実を発信してほしい。市民の声の輪が広がれば、それが水力発電増強を目指す政官民の活動を力強く後押しすることになる。

なお、本書は、福島水力発電促進会議の事務局でまとめたものだ。読みやすさを考慮し、文中では原則として、敬称を略させていただいている。また、より多くの人に水力発電の可能性を知っていただくために、専門用語や行政用語など一般的ではない言葉は基本的に避けてある。本書の目的に鑑《かんが》み、こうした点にご理解をいただければ幸いである。

平成三〇年（二〇一八年）七月

目次

第1章　なぜ福島は水力増強を実践するのか　39

第3章 竹村理論の実践で浮かんだ問題点

エピローグ

プロローグ

日本の水力革命は福島から始まる

福島水力発電促進会議とは

この本は、福島水力発電促進会議の活動をご紹介し、水力発電を増強することの重要性を多くの方々にご理解いただく目的で作られたものである。

まず、福島水力発電促進会議についてご説明する。

この組織は、「ふくしま未来研究会」の創設者である佐藤勝三《さとうかつみ》、元福島県会議員である望木昌彦《もぎまさひこ》と甚野源次郎《じんのげんじろう》という三人が共同代表を務めている。

望木代表は学校法人尚志《しょうし》学園の理事長であり、福島県議会副議長の職を担うなど、三十余年にわたり県会議員を務める重鎮だった。さらに、県内の河川行政にも詳しく、水力発電に関する理解も深い。

また、甚野代表は長年、福島県会議員を務め、震災後からは公明党福島県本部の要職に就いている。元公明新聞の記者であり、当時から懇意である太田昭宏《おおたあきひろ》元国土交通大臣や井上義久《いのうえよしひさ》幹事長などの幹部たちと連携し、福島の復興に取り組んできた。

そして、佐藤代表は、佐藤工業を長年にわたり経営し、社長職を離れた後、「ふくしま未来研究会」を設立して、地域社会の発展に貢献している。

この三人を中心に平成二九年（二〇一七年）六月、福島水力発電促進会議は発足し、福島県内の水力発電の増強と地方経済の発展に力を尽くしている。

では、三人の共同代表の話を中心に、この会議が目指す水力発電増強の意義について、ご紹介させていただく。

二〇一一年三月、福島第一原発オフサイトセンターで

「平成二三年（二〇一一年）三月一一日に東日本大震災が起こり、その翌日に福島第一原発で爆発が起こってしまったんです。その直後、当時の県会議員の中で私と小澤隆《おざわたかし》さんの二人だけが、現地に行きました。まだ、放射線量がうんと高いときでした。思えば、あのときに見た風景が、今の福島の苦境を暗示していた気もします」

福島水力発電促進会議の発足に参加した動機について尋ねたとき、共同代表の一人、望木昌彦元福島県会議員は、こう語った。

「私らだけが、原発事故の直後に現場へ行った理由は、私と小澤さんが県議会で一番の年長者だったからです。現地の放射線量が高くても、健康に影響が出るのが二〇年後だと言われましたのでね。

福島の一大事なのに、現地の様子がわからない。県議会としては、何が起こっているのか、誰かが確かめなくてはいけない。それが県会議員の責任だ。放射能が危ないのなら、私らみたいな年長者が行けばいいじゃないかと、そう思ったんですよ」

望木代表は、あの当時の模様を鮮明に覚えていると言う。

「三月中に、第一原発にもオフサイトセンターにも二回行ったんですが、オフサイトセンターのほうはもぬけの殻《から》でして、地元の様子を見に行ったんですよ。町ではもうほとんどの人が避難していて、消防士の皆さんが活動していました。相馬《そうま》市と南相馬市の市長から状況を聞きました。また、当時はまだ避難していなかった農家の人など、残っている人たちにも話を聞いたんです」

特に、忘れられない光景があると代表は言った。

「水蒸気爆発があった後、急いで避難したらしい畜産農家がありました。そこで、人が誰も残っていない畜舎の中を見たんです。そこには、牛だの馬だのヤギだのがたくさんいるけれど、食いものがない。だから、腹を減らして死んでいたんです。飼料を入れておくところに集まって、みんな死んでいるんです。

競走馬を育てている農家もあった。そこには馬がつながれたまま、グルグル回り続けているんですよ。あのときは生きていたけれど、おそらく、あの後で死んだと思います。

つくづくと思いました。恐ろしいことになっていると」

福島に降りかかった災難の大きさを、このとき、望木代表は実感したのだと言う。

阿武隈川の漁業が衰退

あの後、福島に何が起こったのか。その一例として、望木代表はこんな話を始めた。

「実は私、阿武隈川《あぶくまがわ》漁業協同組合の組合長をやっているんですよ。阿武隈川というのは福島県の母なる川なんですね。組合長として長いことやらせてもらっているので、川のことについてはなじみがありますし、色々と見聞きしてきたこともあります」

そう言って、阿武隈川について説明する。

阿武隈川は、福島県中通《なかどお》り地区を南から北へと向かって流れ、福島県境を越えて宮城県へ出てから海へと続く。本流だけで二三九ｋｍあり、魚種豊富な川だ。そのため、東日本大震災以前には阿武隈川漁協だけで約一万人の組合員がいた。阿武隈川では山女魚《やまめ》、鮒《ふな》、鯉《こい》、ウナギ、ウグイ、鮭《さけ》が獲れる。非常に恵み豊かな川だ。

ところが、平成二三年（二〇一一年）三月一二日からは、阿武隈川で魚を獲ることができなくなった。福島第一原発が水蒸気爆発を起こして放射性物質が飛散し、阿武隈川流域も被害を受けてしまったからである。魚を獲ることができなくなってから、阿武隈川漁協はすっかり活気を失い、かつては約一万人いた組合員は、半分以下の四〇〇〇人ほどに激減しているという。

「今も福島県では、阿武隈川の漁は解禁になりません。下流の宮城県のほうは、影響が少ないからと、既に解禁になっているんですがね」

望木代表は言う。

「組合員が毎週、魚を獲って放射線量の検査をしていて、最近では基準値以下の日が多いんですが、ときどきは基準値を超えるときがあります。それで、国のほうでは解禁できないと言うんです。

組合では、放射線量の低い上流のほうだけでも再開してくれないかとお願いしているんですが、なかなかそうはならない。本当に魚はたくさんいるのに、残念でたまりません」

阿武隈川の水はきれいなことで知られている。特に、支流である荒川《あらかわ》は、川の水の汚濁度を表すBODの値が低く、水質日本一となっているほどの清流で、イワナ釣りの有名なスポットだった。また、同じく支流である摺上川《すりかみがわ》は鮎《あゆ》の名産地だった。本流の阿武隈川も清流であり、鮭やウナギの漁場だった。

しかし、これほど豊かな川の恵みも、放射能の影響があるとして、阿武隈川では一切獲ることを禁じられているのである。

　望木代表は言った。

「私らは、人間が自然の利用を少しでも誤ると本当に大変なことになると思い知らされたんです」

福島は再エネ先進県を目指す

　ここで、話題を水力増強へと転じよう。

「水力発電をまだまだ伸ばすべきだと、私らは思っているんです。それが地元のためになるから。

　でも、水力が増えれば、日本という国全体だって助かるんです」

　そう言うのは、福島水力発電促進会議の佐藤勝三代表だ。

「水力発電は純国産エネルギーですよ。それが増えれば、どれだけ日本社会のためになるか、誰にだってわかることです。

　でも、現実には水力発電の増強はなかなか前に進まない。

　だったら、まず、福島が先陣を切ってやらせてもらうかと、そういうわけなんですよ」

〈福島県再生可能エネルギー推進ビジョン〉

再生可能エネルギー導入量と一次エネルギー供給量（推計）

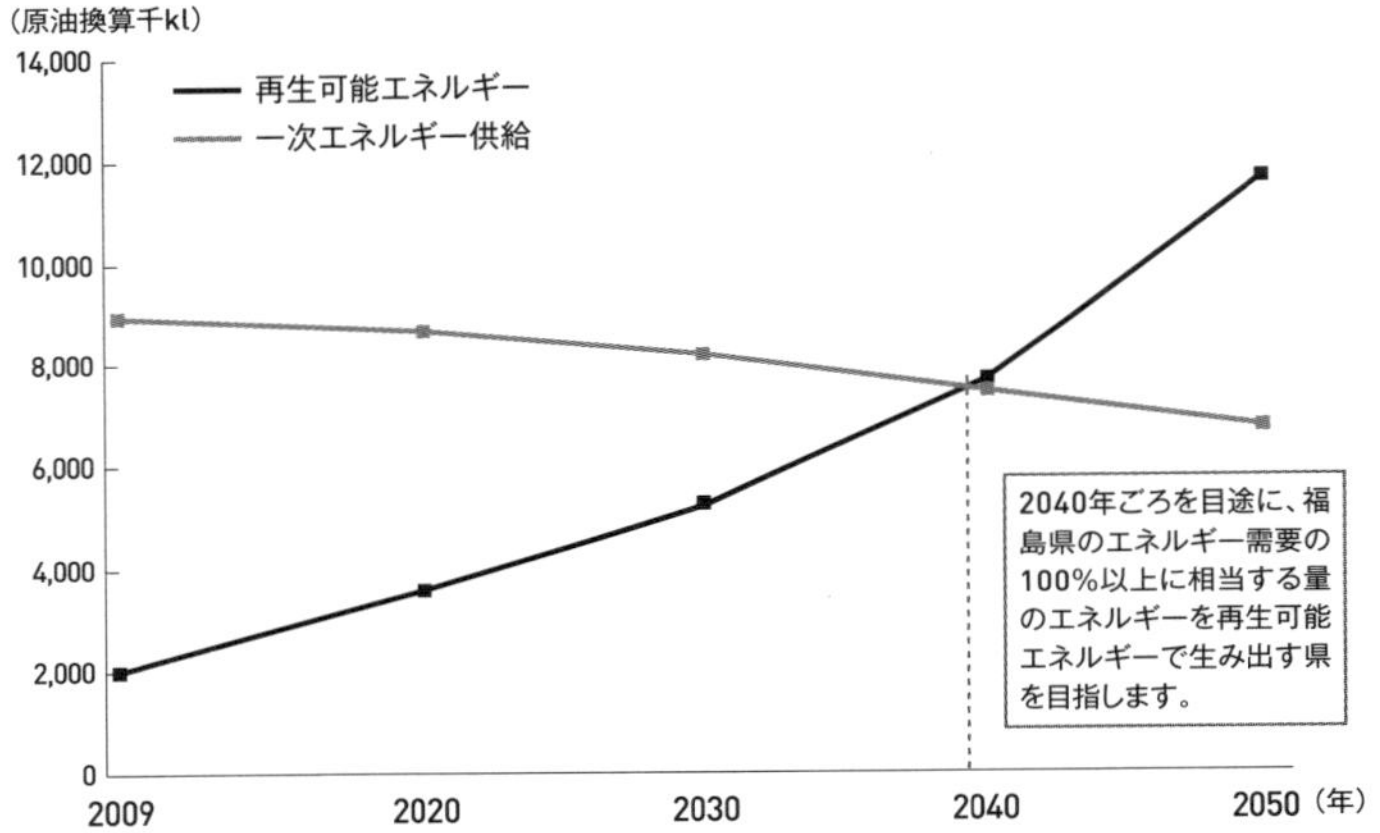

出典：2012年３月福島県「3.3導入目標」より抜粋

そのために作られたのが、福島水力発電促進会議だと佐藤代表は言う。

あるいは、こう思う方がいるかもしれない。

エネルギー問題は本来、国政レベルの話だ。なぜ、福島の人たちは、そこまで水力発電の増強にこだわるのか。

実は、福島が県を挙げて力を入れているのは、水力発電だけではなく、再生可能エネルギーのあらゆる分野に及んでいる。

平成二三年（二〇一一年）には、国のエネルギー政策をリードする再生可能エネルギー先駆けの地となることを目指して、福島県ではこんな目標を公表している。

「二〇四〇年までに、県内エネルギー需要量に相当する再生可能エネルギーを生み出す県となる」

この目標を達成するために、再生可能エネルギーを増強しつつ、エネルギーの使用量を減らしていき、二〇四〇年には需給の関係を逆転させるというイメージである。

これに関して、佐藤代表は語る。

「これを決めた動機は、やっぱり、東日本大震災です。地震と津波で大きな被害が出ただけじゃなく、福島第一原発があんなことになった。嫌でもね、エネルギーの在り方を変えるしかなくなったんです」

そして、二〇四〇年までに、福島県のエネルギー需要と同じだけの量を、再生可能エネルギーで生み出すために、様々な計画が実行されてきたのである。

だが、この段階ではまだ、水力増強は視野に入ってはいなかった。

水力先進県ゆえに可能性が見えにくくなる

再生可能エネルギーの導入について、政府は平成二二年（二〇一〇年）六月の閣議決定で、「二〇二〇年までに一次エネルギー供給に占める再生可能エネルギーの割合について一〇％に達することを目指す」としていた。

だが、福島県では平成二一年（二〇〇九年）の段階で、既にこの割合が二〇％に達していたのである。これは、只見川《ただみがわ》流域をはじめとして水力発電の開発が早くから進んでいたからである。

例えば、現在、磐越《ばんえつ》自動車道を磐梯山《ばんだいさん》サービスエリアから会津若松《あいづわかまつ》方面へと走行すると、左手に六本の長い鉄管が見えてくる。これは東京電力猪苗代《いなわしろ》第一発電所の水圧鉄管だが、この発電所が最初に造られたのは大正三年（一九一四年）だった。

発電に用いる水流は阿賀野川《あがのがわ》水系の日橋川《にっぱしがわ》のものだが、阿賀野川水系では、沼上《ぬまがみ》発電所が明治三二年（一八九九年）に供用開始して以来、水力発電所の開発が積極的に進められてきた。

日橋川では、日本の近代化遺産である十六橋《じゅうろっきょう》水門（カバー写真参照）が造られており、さらに、猪苗代第一発電所では首都圏への送電のために国内で初めて高圧送電が行われるなど、日本の水力発電の歴史に名を残す記念碑的な施設も数多く存在している。

水力発電所の開発は、明治、大正から昭和になってからも続く。戦後には、電源開発や東北電力によって、日本有数の規模である奥只見《おくただみ》発電所、田子倉《たごくら》発電所など、多数の水力発電所が建設されてきた。

火力や原子力に発電の主力が移行する前には、首都圏の電力需要の約三割を福島県の水力発電所が担っていた時期もある。

佐藤代表は、郷土と水力発電との関わりについて、こんな話を加えた。

「こうした大きな電力ダムによる発電所のほかにも、福島県では中小の水力発電所が多数造られてきた歴史があります。

戦前の福島には、小さな発電所を経営する電力会社がたくさんあったんです。それが、太平洋戦争の頃に電力が不足して、軍需工場に優先して電力を送るために、全国的に電力の統廃合が行われました。

昭和二〇年（一九四五年）に戦争に負けると、電力の統合は終わり、地方の小さな電気事業者や発電所が復活します。福島県の企業局でも、地元の電力不足を何とかしようと小さい発電所を何か所か造ったんですよ。

ところが、経済復興が進んで電力供給が順調に伸びると、電気料金が下がってきた。県の企業局の小さな発電所は、電気料金が安すぎて運営ができなくて廃止したところもあった。

これが高度成長期のことです」

こうした歴史のためか、「福島県再生可能エネルギー推進ビジョン」を策定したとき、計画の中に水力発電の増強は含まれていなかった。

「水力発電はもう伸びないと思っていたのは、福島だけじゃありません。国が将来の日本のエネルギーミックスを考えていたときも、水力を伸ばそうという気はなかったようです。専門家はもちろん、水力を伸ばせることは知っていたでしょうけれど、いろんな事情があって難しいんだろうと思っていたようですし、私もそう思っていた」

『水力発電が日本を救う』との出会い

水力発電は伸びないと思っていたはずなのに、なぜ福島水力発電促進会議は発足したのか、説明する必要があるだろう。きっかけは、一冊の本だったと佐藤代表は言う。

「竹村公太郎《たけむらこうたろう》先生の『水力発電が日本を救う』を読んだんですよ。福島大学の副学長だった永倉禮司《ながくられいじ》さんが私の机に置いていったものです。一昨年（二〇一六年）の一二月でした。読んでびっくりした。目からうろこが落ちたとはこのことでしたね」

竹村の著作の内容は、佐藤代表にとって新鮮なものだった。

例えば、電話の発明者として知られ、地質学者としても一流だったグラハム・ベルがこう言ったという。

「日本は水力エネルギーに恵まれた国だ」

この事実を初めて知って、佐藤代表は感動したという。

「竹村先生の著書を読んで、なるほどと思い当たることがあったんですよ。日本の山はどれだけ木を切っても、何十年か経つとまた木が生えてくると先生はおっしゃるんですが、確かにそうなんです。

福島では戦中・戦後のエネルギーの足りなかった時代、福島盆地の真ん中にある信夫山《しのぶやま》の木が全部切られてしまって、すっかり丸坊主になっていたものです。ところが、今の信夫山は、全体が森といっていいほど豊かな木々に恵まれています。先生のおっしゃる通り、木は元に戻ったんですね。

私らは、山の木が元に戻ることを当たり前だと思っていました。でも、考えてみればとても恵まれたことだったのだと、先生の著書を読んで知ったんですよ。

日本の山に木が戻るのは、たくさん雨が降るからです。その雨が木を育て、その木を燃料にすることで日本人は生きてきた。

つまり、日本の雨は昔からエネルギーになっていたんですね。

グラハム・ベルはそのことを教えてくれたんだと、竹村先生はおっしゃるわけです。

昔、雨が木になって、薪《まき》や炭という形でエネルギーになったように、今の時代には、水力発電によって、電気エネルギーに変えることができる。降雨量が多く、山が多い日本には、さらにそれを電力に変えるダムがたくさんあるんだから、エネルギー大国になれるんですよ。

その水力エネルギーを目いっぱい利用しないと、もったいないと思いますね」

「福島県再生可能エネルギー推進ビジョン」の目標を達成するために、水力増強が力強い後押しになると、佐藤代表は考えたのだった。

河川法改正を目指す

望木代表もまた、竹村の著書に感銘を受けた。特に、河川法の改正について、竹村の考え方に納得がいくという。それは、望木代表には、阿武隈川漁協の組合長としての体験があったからだ。

「竹村先生の本に、最初、河川法の目的は治水だけで、洪水を防ぐための法律だったと書いてあります。それが改正されて、目的として利水というのが加わって、人が便利なように工業用水とか水道水とか、そうしたものに利用できるようになったそうです。

それが平成になると、もう一度変わって、環境保全というのが入れられたんですね。

それからは、阿武隈川でも環境保全の活動が活発になったんです。住民と国土交通省の出先機関とが一緒になって、環境保護のためのクラブを作ったり、小・中学生に水辺の学校とかの環境教育をするようになったりしました。

河川法の目的に入れられると、こんなふうに、役人は対応するんですね。

それからは、外来魚の対策とか、河川敷の木の管理とか、いろんなことをやってくれるようになりました」

そこで、竹村の主張する河川法改正に賛成するようになったという。

「今度、佐藤代表や甚野代表と一緒に福島水力発電促進会議でやっているのは、河川法をもう一度改正して、目的の中に『水力エネルギーの最大活用』というのを加えることです。

今まで開発されてこなかった水力エネルギーが電気に変わり、利益が出れば、それの中から地域に還元していくというのは素晴らしい。

『水力エネルギーの最大活用』を河川法に加えれば、日本にとっても良いことだし地域のためにもなるということを、福島から全国へと発信したいということで、促進会議を立ち上げました。

まず、市町村の議員から始め、県会議員などに知ってもらう活動をしたところ、ほとんどの方からの反応がいい。県議会に請願書を提出したときも、ほとんどの皆さんが賛成してくれました。請願書は一回で県議会で採択され、総理大臣をはじめ国土交通大臣などに意見書として提案していただけることとなりました。

そして、現在は、国会議員の先生方のご賛同を得て、議員立法という形で実現してもらえないかと模索中なわけです」

このように、望木代表は、福島水力発電促進会議の現在の活動について語った。

県財政の財源がなくなってしまった

さらに、福島再生の方策を探って、水力発電を促進しなければならないと思った理由について、望木代表はこう言う。

「私は県会議員でしたから、福島県の財政がどうしても気になるんですよ。

あの震災以前、経済がピークだった頃の福島県の財源を見ていると、県の法人事業税の一五～一六％が東京電力からの税金だったんです。企業からの税収としては、法人事業税、固定資産税のほかに、核燃料税というものもあった。福島県に東京電力が納めていた税金は、年間で二七〇億円から二八〇億円もありました。

その次が東北電力で一五億円ほど、続いて、富士通、キヤノン、野村證券、ＪＲ東日本、

ＮＴＴなどが五億円から六億円ほどの納税額だったと記憶しています。

しかも、東京電力の納税額は大きいだけでなく、安定していたんです。ほかの企業の場合、景気が悪くなれば納税額も下がりますが、大手電力会社だけは毎年同じくらいの納税がありました。

つまり、東京電力がけた違いに大きな金額の税金を、安定的に払ってくれていて、福島県の財政の基盤になっていたんですね。

ところが、あの事故で、東京電力からの巨額の納税はなくなってしまった。大きくて安定した財源が消えてしまったんです。これは大きな危機だと思ったんですよ」

地方の経済は、自治体の財政出動で支えられている面がある。ところが、福島県では財政基盤が極端に弱体化した。望木代表はそれを危惧したのだった。

「地元に雇用がなければ、若い人はみんな東京へ行ってしまうわけだから、若い人を定着させるためには働く場所を用意しなければどうにもなりません。ところが、自治体にカネがないと、新しい働き口を用意しようにも公共事業もできなければ、新しい産業を育てることもできなくなります。

もう、大手電力会社からの税収をあてにはできない。それならば、代わりになるような資金源を作る必要があります。

水力発電の開発により、利益の一部を地元に還元する仕組みができれば、失われた財源の代わりになるのではないか。私はそう思ったんですよ。

水力発電だけでなく、太陽光にせよ風力にせよ、新しい雇用を生み出す効果があると考えられます。そのことが、まず、再生可能エネルギーを本県で伸ばすべきだと考えた大きな理由でした」

つまり、震災と原発事故で危機的な状況にある福島にとって、再生可能エネルギーの開発と、そのカギとなる水力発電の増強は、衰退から立ち直るために必要な復興策なのである。

再エネは日本全国が求めている

もちろん、再生可能エネルギーの開発は福島にだけ必要なことではなく、日本全体で推進すべき課題だ。

平成二八年（二〇一六年）の時点で、日本の消費した総エネルギーの九四％が化石燃料であり、再エネは六％に過ぎなかったという。しかし、全世界の化石燃料は、このままの消費を続けていると、あと五〇年から六〇年しかもたないと試算されている。

〈世界のエネルギー資源可採年数〉

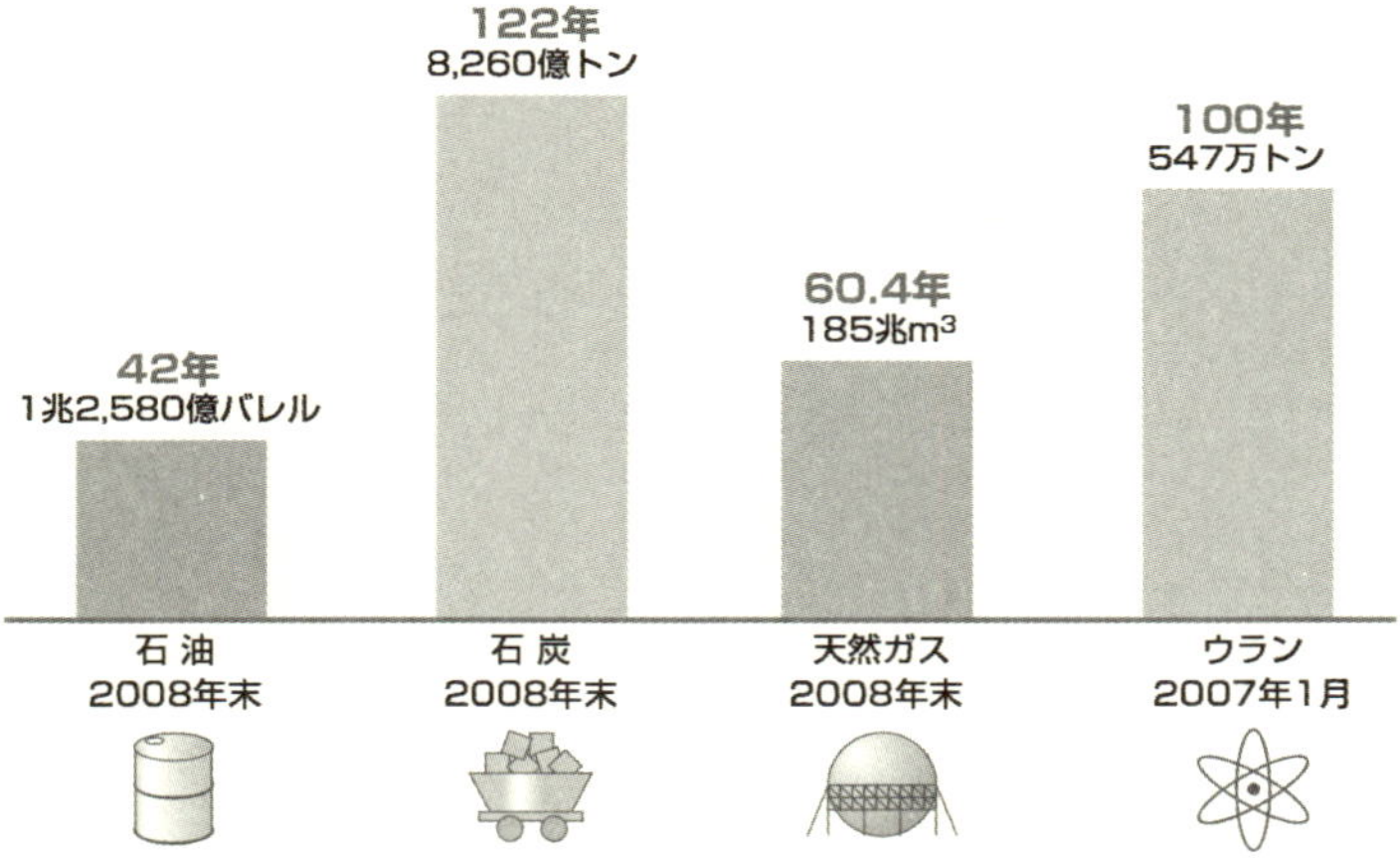

出典：経済産業省資源エネルギー庁「原子力2010」を基に作成

さらに、今のペースで世界の人口が増えていくと、開発途上国での化石燃料の消費がますます増加し、資源が五〇年さえもたなくなる。その時期が近づけば、当然、化石燃料は高騰する。今のように日本が化石燃料に依存していれば、経済が破たんしかねない。

そうした事態を避けるためには、化石燃料への依存から早く脱却することだ。そのために、再生可能エネルギーの開発を進めるべきなのである。

福島水力発電促進会議のもう一人の共同代表である甚野源次郎は、こう話す。

「否応なく、目の前の現実としてエネルギー問題と向き合うしかない福島にとって、再生可能エネルギーの開発は、復興のシンボルと言えるんです。

福島県は再生可能エネルギーの中心地となるべく、努力を重ねているところなんですよ。例えば今、浜通《はまどお》り地区では、イノベーション・コースト構想が具体化しつつあります。ロボット産業にエネルギー産業も加えて、この地区に展開しようとしているんですね。

例えば、エネルギー産業では、浪江町《なみえまち》に、太陽光発電や風力発電による電力を活かした水素製造工場が二〇一九年に着工し、二年後の稼働を目指しています。

『足下を掘れ、そこに泉あり』という言葉がありますが、水資源大国であるからには、水力エネルギーこそ福島復興のシンボルにすべきだと思うんですね。そして、福島全域を再エネ特区にして、福島が再エネの先進県となり、全国に再エネ開発の波が広がれば、必ず、日本全体に明るい未来が来るはずです」

日本のエネルギー政策を水力が変える

日本全国の課題という意味では、一般に、再生可能エネルギーというと、地球温暖化対策などエコロジーと結びつけて考えられがちである。パリ協定により厳しい温室効果ガス削減が課せられている現在では、なおさらであろう。

しかし、佐藤代表は少し違う見方をする。

「基本的に、エネルギー問題は、食料の問題と同様に、日本の生命線だと思うんですよ。エネルギーや食料が足りなくなると、日本人の命に関わるからです。どうしても不足が出ないようにしなければなりませんが、肝心のエネルギー源を外国に頼っている今の状況だと非常に不安が多い。

だから、できるなら、自前のエネルギーを増やしたいんです。

そのときに重要なのが再生可能エネルギーです。再エネは、太陽光発電にしろ風力発電にしろ、日本の国土で電力を発生させるんですから国産なんですよ。つまり、再エネを増やせば、それは、自前のエネルギーを増やすことになるわけです。

そして、もちろん水力発電も純然たる国産エネルギーで、しかも、ほかの国と比べて格段に条件の恵まれた再エネなんですね」

例えば、太陽光発電の場合、どれだけの日光が太陽光パネルに当たるかで発電効率が変わり、効率が良いほど電力当たりの原価が安くなる。

世界的に太陽光発電が盛んになったこともあり、太陽光発電施設の値段は下がっていて、太陽光発電の原価は下がりつつある。それでも、太陽光発電の一ｋＷｈ当たりの原価は二〇円を超えていて、日本の場合はまだ火力発電や原子力発電に比べれば割高だ。

その理由は、多雨である日本の気候では、雨や曇りの日が多く晴れの日が少ないため、日射量が少ないからだ。

ところが、ほとんど雨の降らない乾燥した気候の国では、日射量が比較にならないほど多いため、太陽光発電の原価は一ｋＷｈ当たりわずか一円と、日本とはけた違いに安い。もちろん、火力発電よりも低コストになっている。今や「再生可能エネルギーは安い」が世界の常識なのだ。

風力発電に関しては、日本の地形は山が多いために陸上の風は山に邪魔をされて弱くなるので発電量が小さく、しかも複雑に風向きを変えるため発電の効率が悪い。ヨーロッパの場合は比較的に平野部が広く山が少ないから、陸上の風が邪魔されにくく、風向きも安定しているから効率の良い発電ができる。

また、ほとんど全国の海で漁業を行っている日本では、各地の漁業権との調整の問題もあり、陸上よりも有利とされている洋上風力発電の開発は、特に遅れている。

そうした状況で、佐藤代表は竹村の著作を知る。そこには、日本が水力エネルギーに恵まれた稀有の国であることが示されていた。

アジアモンスーン地帯にあり多雨であること。山が非常に多いこと。そして、ダムが全国にあること。この三つが揃っている日本では、水力発電が比較的に有利な条件にあると、竹村の理論は明確に説いていたのである。

「日本でなかなか再生可能エネルギーが増えないのは、水力を増強しようとしないからなんですね。現在の日本の発電電力量のうち再エネの割合は約一五％ですが、その三分の二に当たる九％が水力発電です。太陽光発電や風力発電などほかの再エネを全部足したものの二倍が水力なんですよ。

ところが、今、日本のエネルギーミックスでは水力を伸ばそうとはしていないんです。一番条件の良い水力を伸ばさないから日本の再エネも伸びないんですよ。

水力を二倍に伸ばし一八％にすれば、この割合が一気に二四％になるんです。日本の降雨量やダムの多さなら、簡単に二倍に伸ばせると竹村先生は教えてくれました。

日本の再生可能エネルギーを増やして、パリ協定の国際公約を果たすためにも、また、純国産エネルギーの割合を高めて日本の産業や社会の不安を減らすためにも、ぜひ水力発電を積極的に伸ばすよう、エネルギー政策の転換を進めるべきだと私らは思っているんですね」

佐藤代表は水力発電増強の意義をこう訴える。

一〇〇年後の子孫が平和に暮らせるように

さらに、佐藤代表は、エネルギーの安定化が平和につながると言う。

「よその国に頼るんじゃなく、自前のエネルギーをたくさん持てば、ほかの国とのいろんな問題は出なくなると思うんです。

外国と戦争になるのは、食料とエネルギーを止められてしまうからですよ。特に、エネルギーを断たれると、食料も調達できなくなるから深刻です。

一〇〇年後の子孫が戦争をしなくて済むようにしたい。そのためには、ぜひ、エネルギーの自給率を上げるべきですよ。

水力発電には、今の二～三倍にまで増強できる可能性がある。これは全部、純国産エネルギーです。そうなれば、水力発電だけで電力の二〇％以上を賄《まかな》える。さらに、同じく自前の電力となる太陽光や風力、バイオマスや地熱などのほかの再生可能エネルギーを伸ばせば、全体で電力の半分ほどを自前で持つことも不可能ではありません。

そんな時代になれば、エネルギーを止められても、戦争するところまで追い詰められなくても済むと思うんです。

〈各種電源の１kWh当たりの発電コストにおける燃料費率〉

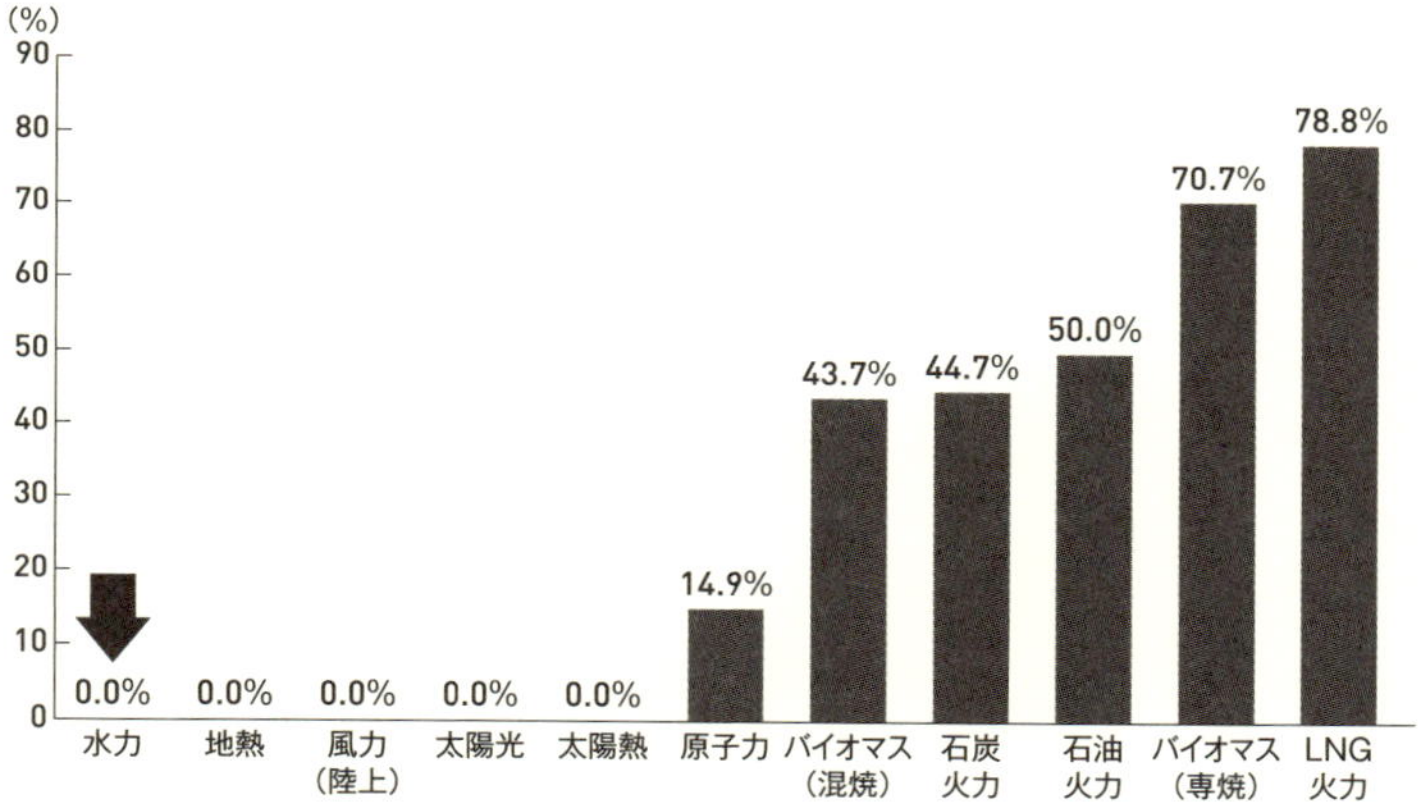

出典：経済産業省資源エネルギー庁「2014年の電源別発電コスト」を基に作成

〈100年当たり発電コストの比較〉

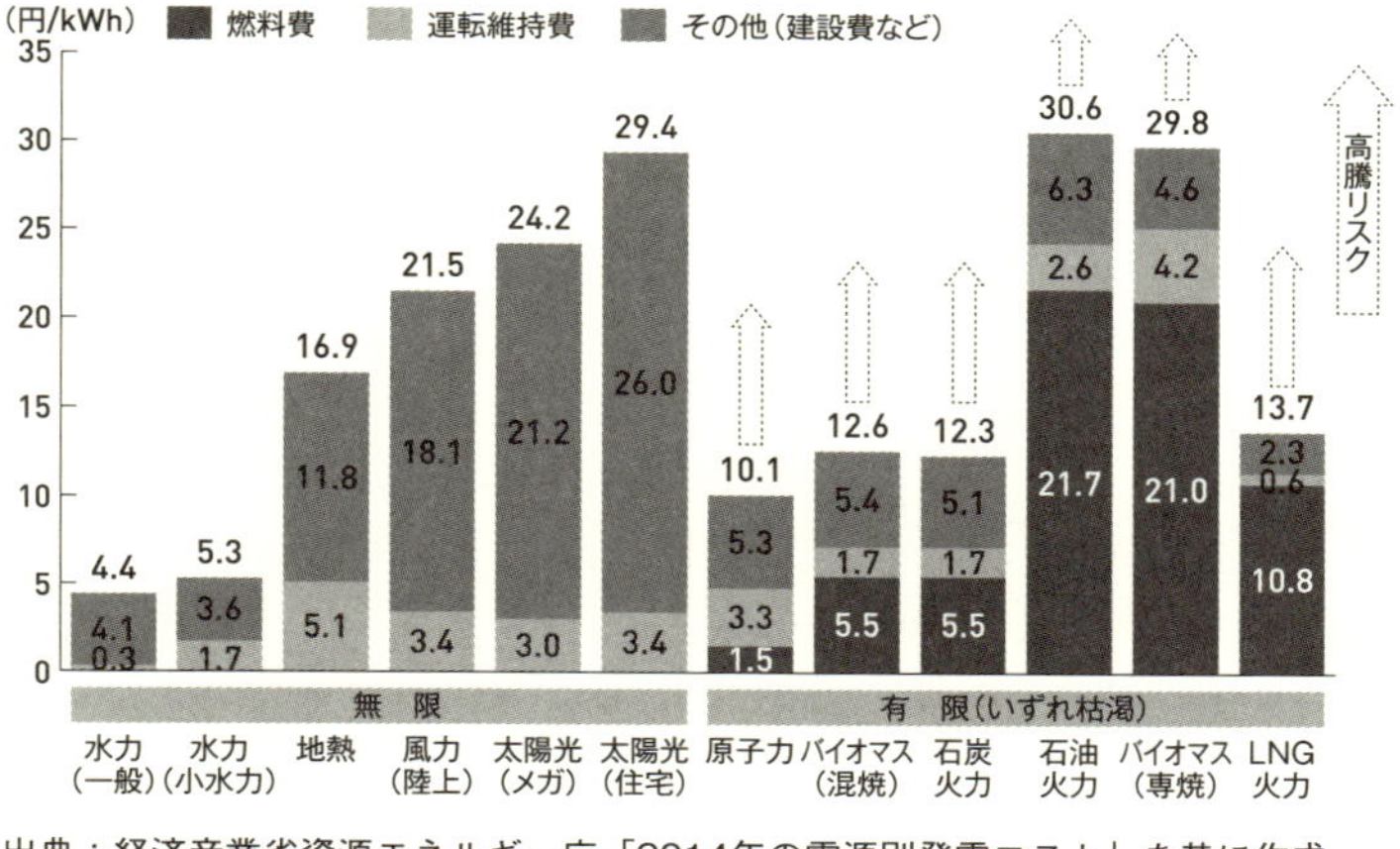

出典：経済産業省資源エネルギー庁「2014年の電源別発電コスト」を基に作成

二〇年後、三〇年後、世界的に化石燃料は残り少なくなり、今よりもずっと調達が難しくなるでしょう。その頃に外国から化石燃料が手に入らなくなっても慌てないように、再生可能エネルギーを今のうちに開発しておくべきです。

特に、水力発電は重要です。なぜなら、水力発電で最も重要な設備であるダムは一〇〇年後も使用できるからです。実際、明治時代に造られたダムは現在でも問題なく使われています。

つまり、ダムという基本施設を使って開発した水力発電による電力は、再生可能エネルギーの固定価格買い取り制度であるＦＩＴによって、二〇年で償還した後も、一〇〇年後まで電力を生み続けてくれるわけです。

今、水力を開発すれば、一〇〇年後の子孫が平和に暮らすための礎《いしずえ》となるんですよ」

これからの日本は低成長の時代であり、かつてのような高度成長は望めない。再生可能エネルギーを増やしてエネルギー自給率を上げれば、経済を最低限保障する下支えになる。

ところが、現在の日本は、エネルギー自給率が極めて低く、化石燃料の輸入で大きく国富を失っている状況にある。

「資源エネルギー庁では、なぜか、今後の水力発電はほとんど伸びないという見通しで、将来のエネルギー計画を立てていますが、不可解です。水力発電を増やすことは技術的に簡単です。国を挙げて一生懸命やれば二倍、三倍にできるのだから、ぜひやるべきです。大きな電力ダムの発電設備を新しくしたり、嵩上《かさあ》げしたりして、大幅に電力量が増える分は、既に送電の見込みは立っていますし、これまで通り東京などの大都会へ送ればいいでしょう。

また、送電の系統の問題で採算が悪くなる山間地の中小水力発電による電力は、無理に都会へ送らずに、地元地域で消費すればいい。ＦＩＴを使って二〇年で中小水力発電所の設備投資を回収する。

その後、規模の大小を問わず、水力発電には燃料費がかかりませんし、管理費も安い、一ｋＷｈ当たり数円で電気を生み出せます。そうなったときには、山間地の自治体で極めて安い電力を使い、過疎化の問題の改善策に活かせると思います。

いずれにせよ、水力発電の増強は、日本社会にとって大きなプラスになります」

福島は再生可能エネルギーに未来を懸けている。そして、その成功のカギを握るのが水力発電の増強だ。

日本が自立したエネルギー供給を行うためにも、また、近未来の日本の地域社会が豊かさを取り戻すためにも、日本の水力発電の潜在力は最大限に活かされるべきだというのが、福島水力発電促進会議の結論なのである。

第1章

なぜ福島は水力増強を実践するのか

福島が再エネと水力にこだわる理由

この章では、福島水力発電促進会議が発足した経緯と、この組織と竹村の理論との関わりについて述べていく。

さらに、共同代表の一人である佐藤勝三《さとうかつみ》が、福島水力発電促進会議の母体となる「ふくしま未来研究会」を設立するに至った道筋について紹介する。

また、福島の置かれている危機的状況についてさらに具体的にご説明し、それが再エネ開発および水力増強を目指す強い動機となっていることについて述べていく。

竹村理論との出会い

平成二九年（二〇一七年）の正月が明けると、早速、福島水力発電促進会議の佐藤勝三代表は竹村に会った。

「竹村先生は、河川法を改正すれば、水力は増やせると言うんですね。国土交通省の河川局長を辞めてから一〇年以上、水力発電を増強するために活動しているそうです」

竹村が永田町を歩いても、霞が関を回っても、水力発電が増えることに反対する人は誰もいなかったという。

それはそうであろう。なにしろ、水力発電は、二酸化炭素などの温室効果ガスも、窒素酸化物などの空気汚染物質も排出しないクリーンエネルギーだし、燃料費が全くかからない純国産エネルギーでもある。その水力発電が増えることに、表立って反対する人がいないのは当然だろう。

「すぐに、『いける』と思いました、私は長い間、建設業界に身を置いていましたから、竹村先生のおっしゃる、『新しいダムを造らなくても、簡単に水力発電の電力が増やせる』ということが正しいと、直感でわかりました。これはやるしかないと、そう思ったわけですよ」

福島で水力発電増強の講演会を開くことになった。同年二月に行われた講演会には、福島県内の政財界や福島県庁からも多数の人が集まった。

竹村の講演の後、水力発電増強に関する考えに賛同する人が多かった。そこで、竹村の理論を県内で実践しようという目的から発足したのが「福島水力発電促進会議」だったのである。

望木昌彦《もぎまさひこ》、佐藤とともに共同代表を務める甚野源次郎《じんのげんじろう》は、福島水力発電促進会議を発足させた立役者だが、その当時についてこう言う。

「実は、佐藤代表から竹村先生の講演に出席しないかとお誘いをいただいたとき、私は色々と調べてみたんです。すると、うちの党の太田昭宏《おおたあきひろ》元国土交通大臣が在任中に、竹村先生にお会いしていることがわかりました。当時、江田康幸《えだやすゆき》衆議院議員が座長になって、水力発電の勉強会を開いており、そこで竹村先生に講演をしていただいていたんですね。

太田先生は京都大学工学部出身で、元々、水力発電に興味を持っていたんです。竹村先生の理論を知って、何とか形にできないかと考えていたんですよ。

ところが、研究してみると、これは国交省だけで進められることではなく、経済産業省や環境省、農林水産省や林野庁にまでまたがる事業になるとわかってきた。それで、かなり難しいという結論になったようです。

そんな経緯を知ったところで、私は、公明党の井上義久《いのうえよしひさ》幹事長を通じて太田先生に連絡を取ったんです。私は両氏とも、公明新聞の記者だった頃から親交が深く、早速、話をさせていただきました。

やはり、複数の省庁がからむために難しいとのことでしたが、私たちの思いが通じ、自民・公明という与党の中をしっかりと固め、法律改正へ向けて動こうということになったのです。

それで、福島県議会でも、水力発電促進のための方策について、具体的な動きを始めようではないかということになり、福島県議会への請願に向けて望木代表とともに汗をかかせていただきました」

これが、福島水力発電促進会議ができた経緯である。

福島に貢献してきた家

ところで、会議が発足する推進役となった佐藤代表は、元々は福島県の建設業界を支えてきた佐藤工業の社長だった。このことは、福島県に住んでいる多くの人が知っている。佐藤工業と、それを経営してきた佐藤家は、福島の地域社会にあって非常に名の知られた存在だからである。

ここで、佐藤勝三が建設業界から転じ、現在のように再エネ事業に力を入れるようになった経緯についてまとめておこう。

佐藤工業は、佐藤代表の父、達也《たつや》によって終戦から間もない昭和二三年（一九四八年）に創業された。佐藤家は、古くは清水村《しみずむら》（現在は福島市）の庄屋を務めていた家で、明治維新後は地方社会のために様々な貢献をしてきていた。

太平洋戦争が終わり、日本社会が戦火からの復興に立ち上がろうとしていたとき、福島市を流れる暴れ川だった八反田川《はったんだがわ》に治水のため大笹生《おおざそう》ダムを建設する目的で作られたのが佐藤工業だった。会社を設立した達也は後に福島市長に、その兄である善一郎《ぜんいちろう》は福島県知事となっている。

このように、福島県地域に貢献してきた佐藤家に、昭和一四年（一九三九年）に生まれたのが勝三だった。そして、昭和四二年（一九六七年）には、わずか二八歳という若さで佐藤工業の二代目社長となると、優れたアイデアとリーダーシップで会社を県内トップクラスへと育て上げる。

平成一三年（二〇〇一年）には福島県建設業協会会長、さらに平成一五年（二〇〇三年）には福島県建設産業団体連合会会長を歴任し、平成一二年（二〇〇〇年）から四年間、全国建設業共同組合連合会会長を務めている。

そして、平成一六年（二〇〇四年）には、福島商工会議所会頭と福島県商工会議所連合会会長に就任する。

このように、佐藤が業界団体の長へと推されたのにはわけがある。

建設業界の現実として、地方におけるシェアはどうしても大手ゼネコンに奪われてしまい、地元企業は押され気味である。そのため、せっかくの地元での工事であるにもかかわらず、建設業による利益の多くが、地方社会ではなく首都圏などの大都市部へと吸い上げられてしまい、地方経済を活性化させることがなかなかできないというジレンマがあった。ところが、佐藤勝三がこの状況に風穴を開けた。彼の積極的な働き掛けで、福島県内のシェアは、地元企業のほうが大手ゼネコンよりも大きくなり、このことで福島県内の経済が大いに活性化したのである。

その一例が、債権譲渡に関する仕組みの構築だ。これにより、県内の企業では有利な条件で融資を受けられるようになっている。

佐藤勝三は、早くから公共の利益を意識して会社経営を行っていた。地域社会への貢献と企業利益とのバランスを考え、企業利益を地域へと還元する活動を実行していた。

例えば、佐藤勝三は、民間資金を活用して公共施設整備と公共サービスを提供する、ＰＦＩ（プライベート・ファイナンス・イニシアチブ）という手法に注目して実践していた。

こうした地方経済への貢献が知られていたから、福島県内で業界団体の長へと推薦されたのであり、福島での仕事がほかの地方にも伝わって、全国の業界団体でも重責を担うようになったのである。

社会貢献の意思は「ふくしま未来研究会」を生んだ

県内の建設業界をリードし、地方経済に貢献してきた佐藤勝三だが、平成一八年(二〇〇六年)、思わぬ事態になる。突然、逮捕されたのだ。容疑は談合だった。起訴されて一審では実刑判決、控訴して二審では執行猶予が付き、結審している。

談合と聞けば、「一部の企業のエゴから、公共工事の利益を独占しようとする反社会的な行為だ」とか、「税金で行う公共工事は、公平な入札で決めるのが当然」というのが、都会の人の認識だろう。

それはもっともな話ではあるが、一方で、地方の住民にはこんな不満もある。

「そんなこと言ったって、都会の大企業は、カネにならない雪かきとか、崖崩れとか緊急事態の工事はやってくれないじゃないか。安い予算しかついていない仕事でも、地域にとっては必要な工事だってある。けれど、やってくれるのはやっぱり大手じゃない。地元のためにカネにならない仕事をしてくれるのは、地元の企業だけだ。

でも、割の悪い仕事ばかり地元の会社にさせていると、潰れてしまう。そうなったら、地域の予算の少ない工事は誰がやってくれるんだ。地方だと、雪で道路が通れないとか、大雨で崖が崩れたとか、毎年のように起こるのに……。

そのくせ、カネが儲かる高速道路とか新幹線とかの工事は、都会の大企業がみんなさらっていって、地元の県には全然カネが回らない。これじゃ、地方に雇用が生まれないし、経済効果もなくなる。

地元の建設会社がないと、地方の社会は動かなくなる。不当な暴利をむさぼるわけじゃなく、ただ地域社会のため社員のためにと生き残ろうとして、地元の他社と仕事を分けあっただけのことがどうして悪いんだ？　地元企業が助け合って生き残らないと、地方の社会が成り立たないのに……。

地方から吸い上げたカネのおかげで、いつも大金が動いている都会の人は、経済的に厳しい地方社会の実情を知らないから、企業同士の助け合いの意味がわからないいんだ」

また、地元では、この事件の真相には別の事情があったのではないかという噂も根強くささやかれている。

では、この件について、佐藤勝三はどう思っているのだろうか、ぜひ知りたいところだが、ご当人は何も具体的に語ろうとしない。ただ、ごく身近な人には、こう言っていたという。

「私は地元のためにと思って、いつも働いてきた。地元の建設業界のため良かれと思ってやったことが、わかってもらえなくて、いかんと言われた。地元のため、日本のためと思って働いてきたが、散々なことになった。

それでも、私がやらなきゃならないことは、これからも同じだよ。ただ、福島のため、日本のために働くしかないじゃないか」

裁判が終わった頃にも、佐藤は周辺の人々にそう言って、佐藤工業の経営から完全に身を引いた。

そして、彼が平成二五年（二〇一三年）に設立したのが、「ふくしま未来研究会」だった。この組織の目的は、福島の地域社会に貢献するための企業を興《おこ》し、三〇年後の福島を元気にすることだったのである。

ふくしま未来研究会は再エネを支援してきた

ふくしま未来研究会の社会貢献の一つに、再生可能エネルギーの普及がある。

福島水力発電促進会議の事務局長と、ふくしま未来研究会の研究員を兼務している佐藤《さとう》憲夫《のりお》は、次のように説明する。

「ふくしま未来研究会が作った信夫山《しのぶやま》福島電力という会社があり、私はここにも籍を置いているんです。ここでは、福島で再エネをやるために、色々と研究を重ねています。

例えば、太陽光発電では、日本全国でかなり実績が出てきたので、福島でやる場合どうなるか、かなり見えてきました。太陽光発電を関西でやるとコストはどうなるか、九州ではどうか、あるいは中東の砂漠ではどうか、かなり具体的な数字がわかっています。また、太平洋岸に位置する浜通り《はまどお》り地区では、太陽光パネルを実際に敷いてどうなるのかという実験もあります。

まず、太陽光発電は、ふくしま未来研究会のグループ会社である信夫山福島電力が、日本の再生可能エネルギーについて有数の企業であるジャパン・リニューアブル・エナジー（ＪＲＥ）と業務提携して、福島県の西郷村《にしごうむら》に四万四〇〇〇ｋＷの太陽光発電所の建設を進めています。これは東北地方で最大級の規模です。さらに、七万ｋＷの太陽光発電所も計画されています。

風力発電についても、同じく浜通りで実験を一生懸命にやってきましたが、あまり効率が良くないようです。そこで、次に、福島県沖の海上で風力発電の実験を行っています。これは浮体式洋上風力発電というもので、資源エネルギー庁の実証実験です。

海上の風力発電では、発電用の風車を海底に固定して行うものが今のところ主流です。海底に固定しますから、どうしても、設置できるのは、海が浅い、海岸線に近い場所に限られてきます。

風力発電の場合、陸上よりも海上のほうが、風が強いだけでなく安定していて、より発電に有利です。それも、なるべく海岸線から離れているほうがいいようで、福島沖の二〇kmの洋上で実験を行うのですが、海が深いので固定式は無理です。

そこで採用するのが浮体式洋上風力発電です。発電用の風車は、海底に固定するのではなく、海面に浮かべて使用するというものです」

現在、福島沖では、東京大学や丸紅《まるべに》などが参加して、実証実験が着々と進んでいるところだ。

福島県の風力発電の状況を見ると、現在のところ、七万kW弱しかない。これは県内の中央部にある猪苗代湖《いなわしろこ》の周辺で行われている風力発電だ。何度もご紹介してきた「福島県再生可能エネルギー推進ビジョン」では、二〇二〇年に洋上などの風力発電により二〇〇万kWに増強し、二〇三〇年にはさらに四〇〇万kWにする予定となっている。

「日本は周りが海だから、風力発電施設を浮かべればいくらでも発電できます。日本の周りの全ての海で浮体式の風力発電をやれば、ヨーロッパのように再エネで電力のほとんどを賄《まかな》うことも可能になるかもしれない。

現在のところ、太陽光にせよ風力にせよ、再エネの電力開発で問題になっているのは送電の系統が空いていないことですが、福島沖の場合、送電に関しては心配いらないんですよ。なぜかというと、福島第一と第二原発の大きな送電設備が丸ごと空いているから。福島沖で浮体式風力による大規模発電に成功しても、送電の問題は起こらないというわけなんですね。それで、資源エネルギー庁も福島沖に目を付けたという面があるんでしょう」

佐藤勝三代表はそう言う。

「福島県は、一生懸命に再エネ先進県になろうとしています。そのために、行政だけでなく私らのような民間の立場で再エネを支援している組織もあるんですよ。

例えば、福島大学では、あの大震災と原発事故をきっかけにして、再エネを研究して教える講座が設けられていたんです。ところが資金難で続けられなくなったと言うんですね。そこで、講座を継続するために、ふくしま未来研究会が中心となって寄付を募ったところ、五年間の研究を継続できるようになりました。

福島大学の再エネの講座は今も続いているんですが、再エネ専門の講座がある大学はほとんどなくて、日本で唯一らしいですよ。

私らも、大学の先生方からいろんな情報をもらえるので、助かっています」

このように、ふくしま未来研究会は、福島の再エネ開発に貢献してきている。それは、創設者である佐藤勝三の地元に対する熱い思いの体現でもあるのだ。

福島が再エネ先進県を目指す背景

ところで、福島県全体が再生可能エネルギーの開発に向かおうとしているのは、福島県が置かれた危機的状況にその理由がある。

そこで、今の福島がどんな状態にあるのかご説明したいと思う。

まず、経済状況についてだが、福島県の統計年鑑によると、震災前、福島県の経済規模は、県内総生産で七兆一〇〇〇億円ほどあり、東北地方では宮城県に次ぐレベルにあった。同じく震災前の福島県の予算は約一兆円、そのうち二八〇〇億円は税収で賄うことができていた。

「ところが、震災により福島経済は大きな打撃を受けたんです。その打撃の大きさは県の税収に如実に表れ、震災前である平成二二年（二〇一〇年）には二八〇〇億円あった税収が、震災の年である平成二三年（二〇一一年）には、わずか一七〇〇億円に激減したんですよ」

そう語るのは、事務局長の佐藤憲夫だ。

実に四割も税収が減っていることでもわかるように、福島経済界は壊滅に近い状態になっていた。特に被害のひどかった福島県浜通り地区の場合、帝国データバンクが、復興は不可能だろうという悲観的な見通しさえ出したほどである。

仮に、県の税収が県内総生産と比例しているとすれば、福島県は震災前と比較して、経済の四割もが失われ、六割ほどの経済規模しかないことになる。

この悲惨な経済状況を何とか支えてくれたのが、国からの復興予算である。そのおかげで、県の予算は震災後から二〇一七年度（平成二九年度）まで、年間一兆七〇〇〇億円強の水準が続いた。

だが、この復興予算もいつまでも続くわけではない。二〇一八年度（平成三〇年度）には約三〇〇〇億円減ることが決まっており、以降、徐々に減額されていき、二〇二一年度には復興予算は打ち切られることになっている。

ただし、復興大臣からは、「復興予算が打ち切りになっても、国は福島県を支援していく」と、政府方針の説明を受けている。

福島県は、福島第一原発の事故による放射能汚染の問題があり、除染の必要のある場所がまだまだ残っている。また、東北地方の他県と違って、震災や津波によって被害を受けた建物などの瓦礫《がれき》処理が終わっていない。そのため、国としては復興支援を継続すると約束をしてくれているわけだ。

しかし、そうした特別措置も永続するわけではない。国からの復興関連予算が完全に絶たれ、全国の他都道府県と同様に地方交付税交付金のみで、後は自県の税収だけで予算を作るときが来ればどうなるか。

かつての一兆円規模は不可能、おそらくは七〇〇〇億円弱になるのではないかという予想さえあるのだ。

風評被害の厳しさ

福島県経済の四割が疲弊してしまったのは、震災や原発事故の直接的な被害だけが原因ではない。

むしろ深刻なのは、あの事故以降に広がってしまった福島に対するマイナスイメージによる風評被害だ。特にひどいのは農業に関する風評被害で、必死の対策にもかかわらず、マイナスイメージをどうしても払しょくすることができない。

福島県では、県内の農産物の安全性を証明するために、震災直後から県内産の全てのコメに対して検査を行っており、そのほかの農産物でも厳しい検査を実施してきた。

さらに、近年では、農水省のガイドラインに準拠したＧＡＰ（農業生産工程管理）により、福島県が認証する新たな制度、FGAPを行っている。これは、県産の食料品に関して全品を精密検査し、風評のような放射能汚染がないことを証明するものだ。

全ての食料品について完全に検査するなどということは、日本国内ではもちろん、全世界を見てもほかには例を見ない。まさに、世界一の安全証明だと言える。

ところが、これほど厳しい検査体制で安全を証明していても、農産品に対する風評被害はなくなっていない。

風評被害は農業についてだけでなく、工業についてもある。福島県は農業の盛んな県ではあるが、産業のうち農業が占めるのは一割以下にすぎない。最も割合が大きいのは工業で、三〇％以上を占める。福島県は東北地方で有数の工業県なのだ。

その工業製品についても、放射能汚染という風評による被害があることは、ほかの地域の人々にはあまり知られていない。

例えば、震災からしばらくたった頃、福島県内のメーカーが、自社の工業製品を関西のクライアントに納品しようとしたところ、「これは放射能があるんじゃないか」と疑われて、受け取ってもらえなかったという出来事があった。

もちろん、これは完全な風評被害である。その製品は室内で生産されていて、福島第一原発からの放射性物質を浴びているとは考えられなかった。さらに、その製品は金属製で、原材料は海外からの輸入品である。それが放射能に汚染されているわけがない。事実、製品を検査しても放射能など検出されはしなかった。

それでも疑われるのが、放射能汚染という風評の厄介さなのである。

あの原発事故から七年以上が経過したが、いまだに風評被害はなくならない。福島の工業製品は、単なるイメージだけで拒否されることもある。海外にさえ悪い風評が広がっていて、事実、かつてのように欧米で売れなくなってしまったと嘆いている県内企業が多い。

県内の農産品を扱っているＪＡ全農福島では、震災前に比べて純益が大幅に落ち込んでいるという。

人口減少を食い止めろ

そして、福島にとってまさに存亡の危機といえるのが、人口の減少である。

「原発の事故があって、県の人口が減ってきているんです。福島県には震災前、二〇〇万人を超える人口がありました。ところが今は一八〇万人台しかいないんです。

政府の命令で浜通り地区から他県に避難した人がいますから、県の人口が減るのは仕方がない。さらに、福島から他県に行った人には、原発ではなく津波なんかの被害で他県に移った人もいますし、自主的に他県へ避難した人もいます」

望木代表はこう話す。

災害からの避難だけならば、減った県の人口もいつかは回復すると見込むことができる。しかし、実は、県の人口が減ったのはそれだけが理由ではない。

震災や原発事故により産業が受けたダメージから、いまだに回復していないのだ。福島県の産業が、震災と原発事故で被害を受けたのみならず、放射能の影響を気にする人たちからの風評被害に苦しんでいる。

風評被害で特に問題なのは、産業が疲弊してなかなか回復しないため、県内における雇用不安につながっていることだ。雇用がないために、やむを得ず他県へと移っていく人が多くいるのである。

「このまま黙っていると、福島県は人口が一五〇万人を割ると言われているんです。現在の人口である一八〇万人台という数字だって、実質的にはもっと少ないはずなんですよ。書類の上では福島県に住所を置き、実際には東京などほかの都道府県に住んでいて、将来的に戻ってくるめどの立っていない人がたくさんいるんですから」

福島から出て行った人が戻って来ることができない。ここに、人口減少の根源があるということなのだ。

再エネに懸けるしかない

日本の地方では概《おおむ》ねそうであるように、福島県でも、経済を建設業が引っ張っているという面がある。現在の福島県の建設業は、除染作業を請け負うことで、ようやく一息ついている状態だ。

だが、除染の仕事を除けば、内情が厳しいのは他都道府県の建設業と同様であるから、近い将来、国からの除染事業がなくなったとき、建設業は苦境に立たされる。

そして、そのときに、風評被害で苦しんでいる福島県の経済を支える者は誰もいなくなる。

除染によって一時的に得られた利益を、次の福島経済のために使わなければならないわけだ。

そこで、クローズアップされたのが、再生可能エネルギーだった。これからの福島は、再エネの先進県になり、新しい産業を興すことで生き残ろうとしている。

例えば、現在の福島県浜通り地区は、国の予算をもとに県の土木部が中心となって、懸命にインフラ整備を進めている。しかし、人口が戻らない。インフラをいくら整備しても、人がいないのでは復興にはならない。

人が集まるような産業に投資しなければ、福島の復興はあり得ない。その点、再エネは、これからの日本社会に必要であり、必ず大きく需要を伸ばす分野だと見込むことができる。福島県が失ってしまった数々のものには、もう、二度と戻らないものも多い。だから、戻らない分を、全く新しい産業で埋めなければ復興することは不可能だ。

あの東日本大震災による津波で福島第一原発は壊滅した。その大きな影響を受け、福島県全体が否応なく、エネルギーの考え方を転換せざるを得なくなった。

その象徴と言えるのが、平成二三年（二〇一一年）に福島県が決定した「二〇四〇年までに、福島県のエネルギー需要量に相当する再生可能エネルギーを生み出す」という計画だったのである。

「震災が起きて七年になるわけですが、県がそういう目標を立てていますから、私たちも福島県を再エネ先進県にするべきだということになりました。そこで、この会議を全国に広げ、ほかの県と共同で再エネの促進会議を作りませんかという話も出てきています」

このように、甚野代表は話す。

福島県が再エネに向かって動かざるを得ないのは、その背景に、震災以降の福島が大きな危機を迎えているからだということなのである。

新しい福島を作るカギは再エネ

「福島が元気になるためには、新しい産業を作って雇用を生み出さなければならないということで、県も色々やっているんですよ」

そう言うのは、佐藤代表だ。

福島県民を元気にし、また、福島に戻ろうという気持ちにつながるような様々なアイデアが出されているようだ。

例えば、福島駅前にサッカー競技場を作るというプランもある。二万人近くのサポーターを収容できるJ3の地元チームのホームスタジアムとして使用するほか、試合のない日にはフィールドにも観客席を設置して、コンサートなど六万人規模のイベントを開催できるようにするという計画だ。

計画予定地は、東北新幹線の福島駅から徒歩三分という場所にある。東京からの移動時間で考えると、埼玉スタジアムとさほど変わらない点にメリットがあり、人気アイドルのコンサートなどを開けば東京からの観客も見込める。

さらに、スタジアムとは別の計画も立てられている。福島市で分岐して山形を経由し、秋田までフル規格の新幹線を通すという計画だ。これが決定すれば、この方面の東北地方の人が東京へ出るには必ず福島を通ることになり、産業的に有利になる。

このように、様々に手を尽くして、新しい福島の産業を興そうと必死になっている。

「だけれども、その中心になるのは再エネだと思うんですね。

特に、水力には、福島県の産業全体を新しくするのにふさわしい特徴があると思うんです。

私らが竹村先生の理論から考えた『水源地域還元方式』ならば、水力発電で増えた分の電力から上がる利益の一部が地元にもたらされます。それを使って森林整備をやってもらうこともできます。そのための基金を作ることも考えられるでしょう。

若い人を募集して、森林整備をきちんとやるんですよ。すると、山の保水性が高くなって、発電するダムに入って来る水の量が増えるし、キチンとその量を読めるようにもなります。森林は天然のダムですからね。そうなれば、水力発電からの利益が増え、ますます安定するようになります。

ダムは一〇〇年以上もちますから、地元の雇用も一〇〇年保証できる。安心してそこに定住できるわけです。

さらに、森林整備で行う間伐《かんばつ》で出た木材をバイオマスで使用することも可能になります。

バイオマスにはまた雇用が生まれますから、地元の町村にはさらに人が多く定住できるようになるわけです。

こうして、水源地域還元方式を使って水力発電の増強を実行すれば、再エネの割合が上がって、パリ協定で国際社会に約束したことを守ることにつながるだけでなく、日本全国の山間地の過疎問題の改善にもつながります。

まさに、一石二鳥ですよ。

私ら福島県には再エネ先進県になる必要があります。けれどそれは、福島だけの役に立つわけではありません。もし、福島が水力発電増強のためのモデルになれば、全国にそうした状況を早く実現させるお役に立てると思うんですよ」

つまり、かつての福島県から失われたものをそのまま回復しようとするのではなく、再エネとそれに関連する産業という新しいものを生み出すことで埋めようという考え方なわけである。

福島県は平成二三年（二〇一一年）以来、衰退の危機にある。そこから立ち直るためには、どうしても再エネ先進県になる必要があるということなのだ。

プラス一〇〇万kW、八〇億kWhの可能性

「福島県再生可能エネルギー推進ビジョン」の導入目標について、具体的な数字はこうなっている。

平成二一年度（二〇〇九年度）と二〇三〇年度を比較して、太陽光発電は五一・四倍に、風力発電は七一・六倍にしようというのが目標だ。

ところが、太陽光や風力については大幅増を目指す一方で、水力発電は増加を見込んでおらず、ほぼ横ばいという数字になっていた。

県の企画調整部や農林水産部などが調査した資料や、資源エネルギー庁と電力会社のまとめた資料を基に判断すると、自然河川の流域には国立公園や保安林である箇所が多く、現在の法律ではこれ以上の開発が難しい場所ばかりであると結論されたからだ。

つまり、県がこの目標を立てた段階では、水力発電の可能性に気づいてはいなかったと言えるだろう。

川の水力エネルギー量を示す包蔵水力量という数字で見ると、福島県は全国で六位、シェアで言うと日本全国の六・四％を占めている（65ページ参照）。このうち、平成二一年度

（二〇〇九年度）現在の水力発電としての実績は、電力では年間四〇〇万kW、電力量では七〇億kWhになる。

先ほどの再エネ開発の目標値を立てるときには、年間四〇〇万kWがほとんど増えないと考えられていたが、竹村の理論に基づいて、福島水力発電促進会議が改めて可能性を試算したところ、さらに年間の電力にして一〇二万kWの増強が可能だとわかった。これは四〇〇万kWの約四分の一に当たり、かなり大幅なアップだ。

ところが、これが電力ではなく電力量にすると年間八〇億kWhの増加であり、当初の見込みである年間七〇億kWhから年間一五〇億kWhへと、倍以上に激増する。

電力は電気の出力であり、電力量はエネルギーの大きさを意味するから、竹村の理論では、福島の水力発電はエネルギーレベルで二倍以上になるわけだ。

しかも、竹村によると、水力発電の増強はどれも技術的には既に確立されていて、法律の整備を含めた河川利用の在り方を変えるだけで実現すると言う。

水力の可能性を計算に入れずに二〇四〇年までにと考えていた、「県内エネルギー需要に相当する量を再エネで生み出す」という目標だが、福島県内の水力発電を二倍にできるのなら、もっと早く実現できるはずだ。

竹村理論を実践できれば、水力発電の大幅な増強が可能になり、福島県の目標をもっと

〈日本の水力エネルギー量（都道府県別包蔵水力）〉

（単位：億kWh）

	都道府県名	包蔵水力	既存発電所	工事中	未開発	割合
1	岐　　阜	138.61	93.12	2.90	42.59	10.2%
2	富　　山	130.59	106.39	0.15	24.05	9.6%
3	長　　野	125.21	89.95	0.01	35.25	9.2%
4	新　　潟	122.33	87.64	1.96	32.73	9.0%
5	北 海 道	99.46	57.97	0.07	41.42	7.3%
6	福　　島	86.20	71.60	0.06	14.54	6.4%
7	静　　岡	71.89	58.87	0.38	12.64	5.3%
8	群　　馬	51.28	39.03	0.59	11.66	3.8%
9	山　　形	39.74	19.43	0.03	20.28	2.9%
10	宮　　崎	37.46	29.68	0.02	7.76	2.8%
11	高　　知	35.67	22.60	0.00	13.07	2.6%
12	山　　梨	35.44	25.28	0.00	10.16	2.6%
13	福　　井	26.38	19.18	0.05	7.15	1.9%
14	秋　　田	25.59	14.23	0.00	11.36	1.9%
15	石　　川	24.85	19.15	0.02	5.68	1.8%
16	岩　　手	23.38	12.92	0.08	10.38	1.7%
17	広　　島	22.50	17.40	0.04	5.06	1.7%
18	鹿 児 島	20.73	10.78	0.20	9.75	1.5%
19	熊　　本	19.78	14.10	0.02	5.66	1.5%
20	徳　　島	17.67	11.02	0.00	6.65	1.3%
	⋮					
	全国合計	1,354.3	952.5	6.8	395.1	100.0%

出典：経済産業省資源エネルギー庁「都道府県別包蔵水力」／2016年3月31日現在

前倒しして達成できるのではないかと考えられ、改めて水力発電の可能性がクローズアップされたのである。

水力発電増強の可能性があるのは、福島県だけではない。先ほども述べたように、包蔵水力量で見れば、福島よりも大きな道県がまだ五つもある（65ページ参照）。日本の包蔵水力量のランキング上位はこうなる。

一位岐阜県、二位富山県、三位長野県、四位新潟県、五位北海道、そして六位福島県。この六つで実に、日本の包蔵水力の半分以上をカバーしているのである。

もし、この包蔵水力量上位の道県が全て水力発電を二倍に増強するなら、日本の再生可能エネルギーの割合は大幅に上昇する。

福島のためにも、日本のためにも、水力発電の増強は再生可能エネルギーを伸ばす確実な基礎となるはずなのだ。

未来の日本のために福島がモデルを作る

水力発電を増やして利益を地元と基金に還元すれば、それで森林整備ができる。森林を整備すれば、発電に必要な雨を保水する力を増すことになり、水力発電の能力を保全することにつながる。

さらに、森林整備によって山間地の自治体に雇用が生まれて地元が元気になり、過疎化問題を解決する一助にもなる。

助かるのは過疎化する地方だけではない。水力発電が現在の三倍になれば、電力のうち純国産の割合が約一五％も増え、全体の二割を超えることになる。さらに、太陽光発電や風力発電などの新しい再生可能エネルギーが伸びて、さらに二割以上も加われば、国産エネルギーで全体の半分ほどをカバーすることも夢ではなくなる。

佐藤代表はこう強調する。

「日本が将来、エネルギーで苦しまないようにするために、水力発電という自前のエネルギーをできる限り増やしておくべきだと思うんです」

こうして、福島水力発電促進会議の活動が始まったのである。

第2章

ダムを増やさずに水力発電を増やす竹村理論とは

国政にも影響を与えつつある竹村理論

福島県は震災からの復興のために再生可能エネルギーの開発を進めており、現在、県内では、そのカギを握るのが水力発電の増強だと考える人が増えつつある。そのために生まれたのが福島水力発電促進会議であり、会議が発足するきっかけになったのが竹村公太郎《たけむらこうたろう》の理論だった。

では、これほど多数の人々に感銘を与え、水力発電の可能性を確信させるに至った竹村の理論とはどういったものなのか。

この章では、竹村の著書のうち、重要な部分について簡略にご紹介する。

グラハム・ベルは日本のエネルギー資源に気づいていた

竹村は、水力発電の可能性を示すため、今から一世紀以上前の明治三一年（一八九八年）に来日したアメリカのグラハム・ベルの、こんな言葉を引用する。

「日本の豊かな水資源はエネルギーになる」

ベルと言えば、電話の発明で知られる科学者だが、実は、地質学者でもあった。来日した頃はアメリカの地質学会の会長であり、一流の科学雑誌である『ナショナル・ジオグラフィック』の編集責任者だった。この雑誌は地質学および地理学の専門誌であるから、彼は地理学にも通じた権威だったわけである。

当時の『ナショナル・ジオグラフィック』から、ベルの発言をもう少し詳しくご紹介しよう。

「日本を訪れて気がついたのは、川が多く、水資源に恵まれていることだ。この豊富な水資源を利用して、電気をエネルギー源とした経済発展が可能だろう。電気で自動車を動かす、蒸気機関を電気に置き換え、生産活動を電気で行うことも可能かもしれない。日本は恵まれた環境を利用して、将来さらに大きな成長を遂げる可能性がある」

つまり、ベルは、日本が水力発電に適していることを見抜いていたのである。

地理学の専門家だった彼が注目したのは、まず、気候だった。

日本は地球の気候帯から見ると、アジアモンスーン地帯の北限に位置する。モンスーンとは季節風のことだが、アジアの季節風帯は非常に長く伸びており、はるかインド洋から続いている。帯状の地域には、低気圧が非常に発生しやすく、雨が多いという特徴があり、その北端に当たる日本もまた、多雨地域であることをベルは知っていた。

さらに、日本の周囲が海であることも、多雨をもたらす。海に囲まれているということは、どの方向から風が吹いても、大きな雨が降るからだ。

夏には、太平洋側から台風や低気圧がやって来て、海からの雲を伴い、大きな雨を降らせる。また、冬にはシベリアから風が来るが、この風は日本海を通り、大量の水蒸気を含む。冬の日本海の水温は大気温よりも高い。ちょうど湯をはったバスタブから湯気が立つように、風に水蒸気を含ませるのである。そして、日本の山に風がぶつかったときに冷たい雨や雪となる。冬に日本海側に降る雪は、そのまま水の貯蔵庫なのである。

つまり、海に囲まれているという地理的な条件も、多雨をもたらすわけだ。

アジアモンスーンの北限にあり、さらに、海に囲まれている。

この二つの条件のおかげで、日本は非常に雨に恵まれているわけだ。

ほとんど同じ緯度にあっても、大陸の国々では、日本のように降水量は多くない。

つまり、極東地域でも日本は特別に幸運だと言える。

もう一つ、重要な条件がある。明治期に来日したベルが「日本はエネルギーが豊かだ」と言ったとき、彼が多雨とともに注目していたのは、日本の山だった。

日本列島を平均すると六八％が山岳地帯である。つまり、約七〇％が山なのだが、この地形が、雨をエネルギーに換えるのに有利な条件となる。

雨が高山に降れば、海抜の高い位置に水が届けられる。高い位置にある水が流れるとき、その落差の分だけ位置エネルギーが電力を生み出すからだ。

ベルは地理学の専門家だったから、日本の気候と地理条件の意味を知っていた。

だからこそ、日本には降水量の面で非常に恵まれた条件が与えられていると、指摘したのである。

ダムとは大きな位置エネルギーと大量の水を同時に集める装置

多雨と山岳地帯。

この二つは自然が与えてくれた利点である。だが、このままでは雨のエネルギーは効率よく電力に換わらない。

位置エネルギーを電力に換えるときには、川の高低差が大きいほど効率が良いし、水の量が多いほど効率が良くなる。

ところが、自然のままの川には、高低差があり水の量が多いという二つの条件を、同時に満たすエリアがないのだ。

山に降る雨は、山間の谷へと流れ込む。その一つ一つは細い渓流に過ぎず、それらが集まって次第に大きな川になり、山岳地帯から平野部へと流れ落ちていく。

山岳地帯を流れているときには、流域の高低差が大きいが、流れる水の量が少ない。

もし、山岳部の川の位置エネルギーをまんべんなく電力に換えようとすれば、多数ある渓流の全てに、いくつも小さな発電施設を設ける必要がある。

逆に、平野部を流れるときは、川の水量は多いが、高低差は小さい。

最も落差が大きい渓流部を流れ落ちてしまった後では、ほとんどの位置エネルギーは失われている。発電施設は少なくて済むが、肝心のエネルギーが減っており、発電力が落ちてしまうのである。

つまり、自然に流れている川では、水の位置エネルギーを効率よく電力に換えることができないのである。

ところが、山岳地帯にダムがあると、状況が一変する。

ダムにせき止められて、いくつもの渓流を流れてきた水が一か所に集まる。大量の水が、渓谷の大きな落差で勢いよく落下する。ダムにより、たった一か所に水の位置エネルギーを集中できる。

つまり、ダムさえあれば、大きな位置エネルギーと、大量の水とを、同時に集めることができるのである。

日本全国がダムの恩恵を受けられる

日本列島はとても狭い。しかも、その七割が山岳地帯で、日本列島の真ん中には脊梁《せきりょう》山脈がずっと走っている。

平野部はわずか三割に過ぎず、日本人は農地や工業用地など、産業を行う土地を確保するのにも大変に苦労してきた。

だが、視点を水力エネルギーという面に移して、同じ日本列島を眺めてみると、全く違う風景が見えてくる。

日本列島を縦断している脊梁山脈は、その両脇に当たる日本海側にも太平洋側にもほぼ平等に川を流す結果となっている。そして、その川の流域には狭い平野があり、ほぼ全てに都市が形成されている。

こうした都市は、最初は稲作の都合で形成された集落に過ぎなかった。稲作には、水田にはるための大量の水が必要であり、川の流域は適していた。そして、水田の作れる場所には大きな労働力が必要だったし、逆に、米を生産することで大きな人口を養うこともできたからである。

〈日本の「中央分水嶺」〉

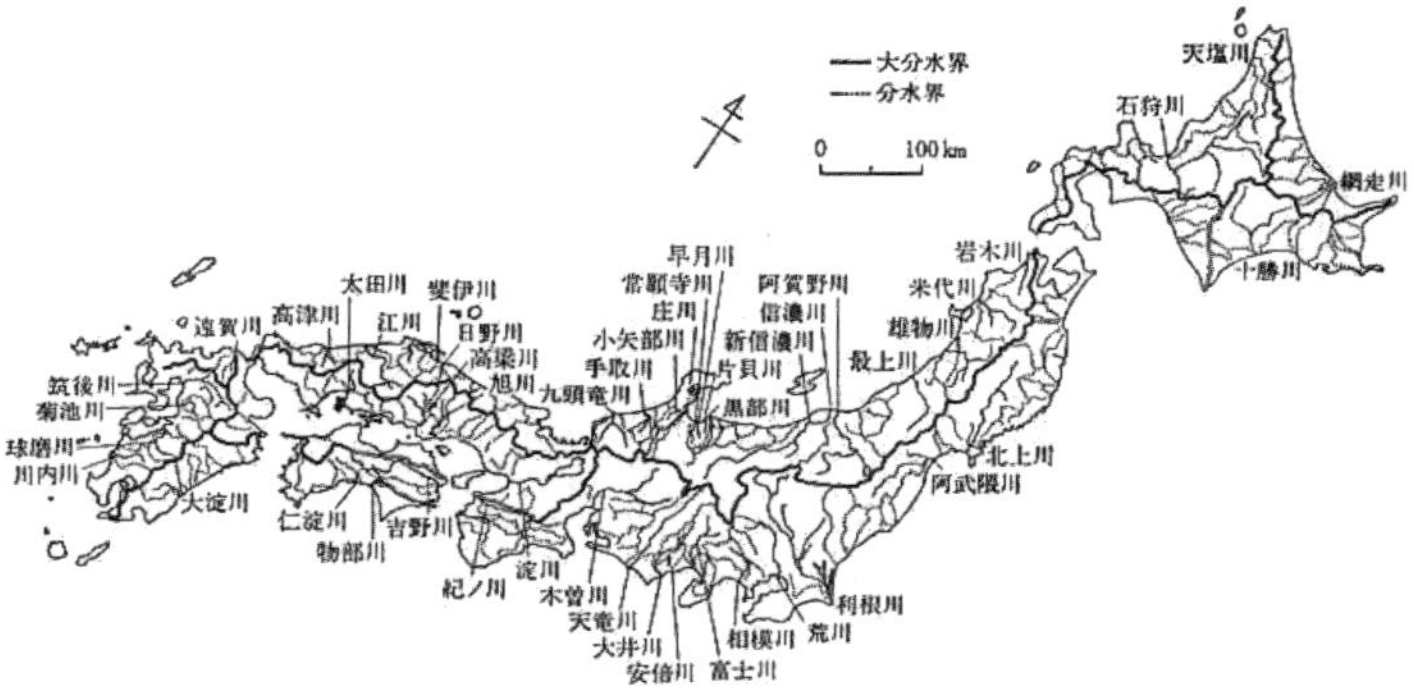

出典：国土地理院「日本国勢地図帳」

そうした、稲作のための集落が時を経て、地方都市となっていった。

これは偶然の成り行きではあるが、結果として、日本列島は真ん中に山脈が走っているおかげで、ほぼ全土にわたって均等に川があり、その下流域に都市を擁しているわけだ。

そして、川には、近代から高度成長期を中心に建設されてきたダムが、これも全国的にほぼまんべんなく存在している。

つまり、日本全国の中小都市のほとんどには川が流れており、しかも、上流にダムを備えていることになるのだ。

言い換えれば、このダムの全てを水力発電に活かすことで、水力の恩恵を、日本全国でまんべんなく受けることが可能な状態であるわけだ。

水力の国に生まれた幸福

こうした状況は、水力発電にとっては非常に理想的なのである。

全国に多数ある水力発電可能な場所のほとんどは、規模の小さいものだ。そうした中小水力発電では、東京や大阪など巨大都市の電力需要を賄《まかな》える規模にはなりにくい。

無理に水力で東京などの電力需要に応えようとすれば、遠方のダムから送電することになるが、それでは電力のロスが大きすぎる。ただでさえ発電力が小さいのに、送電によってさらに出力を減らしてしまうのでは、大都市の巨大な需要に応えられるわけがない。だから、大都市のためには、どうしても発電出力の大きい発電所が必要となるだろう。

逆に、地方の中小の都市に向けた電力としては、中小水力発電はうってつけだ。電力需要が小さいので、その都市を流れる川の上流にあるダムからの電力だけでかなりの部分が賄えてしまう。また、地元の川から来る電力なので、非常に送電距離が短くなり、送電のロスが少ない。

これからの時代、地方の都市は、川の水力による電力をメインとして使ったり、あるいは、風力や太陽光、地熱を利用したりするなど、その都市に合った再生可能型の電力を活かす道を模索することになるだろう。

五〇年後、一〇〇年後にこそ貴重になるダムという遺産

現在、日本の総電力供給量に対する水力発電の割合は九％ほどだ。

ところが、竹村によれば、本来のダムの潜在的な発電能力を引き出すと、その割合は三〇％まで引き上げが可能だと言う。方策は三つだ。

第一に、**多目的ダムの運用を変更すること**。河川法や多目的ダム法を改正して、古い運用法を変えれば、今、無駄になっているダムの空き容量を発電に活用できる。

第二に、**古いダムを嵩上《かさあ》げすること**。これによって、新規ダム建設の三分の一以下のコストで、既存の発電ダムの能力を倍近くに増大できる。

第三に、**現在は発電に使われていないダムに発電させること**。

日本のエネルギー政策は曲がり角に来ている。石油などの化石燃料は遠からず枯渇するし、地球温暖化を促進してしまう。また、原子力は福島第一原発の事故以降、方針が否応なく変更され、安易な拡大はできないだろう。

そこで、再生可能エネルギーが注目されているわけだが、水力こそ最も古くから開発さ

れ、技術的に完成された再生可能エネルギーなのである。コストについても、太陽光や風力に比較すると有利である（35ページ参照）。

特に、第一の運用変更には、ほとんどコストはかからない。第二の嵩上げにしても、新規の巨大ダム建設とは違って、嵩上げの事業費は工事費のみだから、新設するのに比べるとけた違いに安くできる。

この二つの方法による電力の増加は、非常に低いコストで実現するわけだ。

よく、水力発電は、火力や原子力に比べてコストが高いと言われてきた。しかし、そのコストのほとんどは、ダム建設にかかる事業費なのだから、既に存在しているダムで発電量を増やす場合には、ほとんどのコストを過去に支払い済みだということになる。

これは、第三の、未発電ダムの発電利用の場合でも基本的に同じである。ほかの二つに比べれば、多少多くのコストがかかるものの、ダム新設のコストに比べれば、はるかに安く済む。

また、火力の場合、将来において化石燃料の高騰が予想されるし、水力発電がコストの面で火力よりも有利になる日が来る。

特定多目的ダム法の矛盾

水力増強に関する三つの方策について、竹村の理論を具体的にご紹介していく。

まず、多目的ダムの運用変更について述べるが、この話の前提として、最初に、日本の多目的ダムに関する重要な事実を知ってもらう必要がある。

それは、多目的ダムには水が半分しか貯められていないということだ。

水力発電を行うとき、ダムには水が多く貯められていればいるほど有利になる。水力発電では、発電に利用する水の量が多いほど発電量は多くなり、発電するときの水の落差が大きいほど発電量が大きくなるからだ。

ダムの水が半分しか貯められていないと、水力発電の能力は激減してしまうことになる。逆に言えば、これは、ダムの潜在的な発電能力を無駄にしているということでもある。

では、なぜ、日本の多目的ダムでは水を半分しか貯めないのか。

その理由を説明するために、竹村は、日本のダムづくりと運用のベースとなる「特定多目的ダム法」という法律に注目する。

これには、「利水」と「治水」という二つの目的が明記されていると言う。

まず、利水というのは、水を利用することだ。家庭の水道水、工場で使用する工業用水、水田や畑で使う農業用水などのことで、水力発電に使うことも利水に含まれる。

次に、治水というのは、洪水を予防することだ。台風や集中豪雨などがあると、川に大量の水が短時間に流れ込み、川の堤防が決壊し洪水を引き起こす。そうならないように、川の上流部にダムを築き、水が短時間に流れ込みすぎないように、ダム湖に一時的に貯めこむのが治水である。

このように、特定多目的ダム法を見れば明らかなように、多目的ダムには、利水と治水という二つの目的があり、一つのダムで両方の目的を果たそうとしていることがわかる。

ところが、二つの目的があるゆえに、多目的ダムの運用には奇妙なやり方が求められてしまうと、竹村は言う。

なぜなら、ダムにとって、利水と治水は矛盾するものだからだ。

利水のためには、雨のときになるべく多くの水を貯めておきたい。そうすれば、雨の降らない渇水期に備えられるし、先に述べたように、多く水を貯めたほうが発電には有利だ。

他方、治水のためには、普段のダムに水はなるべく少なくしておきたい。わざわざダムのスペースを開けておくのは、大雨のときにはそこに水を貯めて、川の氾濫を防ぐという目的があるからだ。このダムの空きスペースを治水容量と呼んでいる。

このように、利水のためにはダムの水は多いほうが良く、治水のためにはダムの水は少ないほうがいいわけで、利水と治水は互いに矛盾しているわけだ。

矛盾した二つの目的があるため、両者の折衷案として、ある程度の水は貯めるものの、ある程度は空にしておくしかない。

だから、多目的ダムでは、満水の半分くらいしか水を貯めないという奇妙なやり方がとられているのである。

しかし、今のダム運用はあまり現実的ではなく、時代遅れなのだ。

現代の気象技術を使えばダムを満水にできる

例えば、台風に備えるとしよう。気象予報によって一週間前には台風が来ることはわかる。予報を見て、ダムが台風の進路に入ってから水を半分の水位まで落とせばいい。

洪水の危険に備えてダムの水を減らすことを予備放流と呼ぶが、これはタイミングが重要だ。大雨によって増水中に予備放流などしてはいけない。さらに水かさが増して、洪水の危険を大きくしてしまうからだ。

日本の川は急流だし、海までの距離が短い。水源地のダムから予備放流された水は、ほ

〈多目的ダムの常時満水位イメージ〉

多目的ダムは、「洪水時最高水位（総貯水量）」のおおよそ半分から7割程度の「常時満水位（有効貯水量）」にて管理されている

写真：木戸ダム

とんどの場合、その日のうちに海に達する。海までの距離の長い利根川でも放流の翌日には銚子《ちょうし》から太平洋に至るし、東京の多摩川などは朝に放流すれば夕方にはもう海へ行ってしまう。

現実的には、台風が最接近する三日ほど前に予備放流すれば、充分に洪水に対して対処できる。三日前ならば川の流域に大雨は降っておらず、川はまだ増水していない。ダムの水を放流しても安全だ。

つまり、大雨の心配のない時期は、ダム湖の水位を満水近くまで高くしておいても大丈夫なのだ。これなら、大きな水のエネルギーを電力に換え続けることができる。

では、なぜ、そうしないのか。

理由は、特定多目的ダム法の古さにある。この法律は昭和三二年（一九五七年）に制定されて以来、一度も改正されていないから、昔の事情に合わせたルールとなっている。六〇年以上も昔の法律が、今でもダムの運用を縛っているのである。半世紀の間に技術革新が起こり、気象衛星や気象レーダーで情報を集め、スーパーコンピュータで計算して高精度の予報を出せるようになった。それにもかかわらず、運用ルールは昔のままなのである。

逆に見れば、ダムの運用を現実的に変えさえすれば、水力発電の能力を格段に増強することができるということなのだ。

嵩上げは古いダムの有効利用

次に、ダムの「嵩上げ」に関する竹村の理論をご紹介する。

まず、嵩上げとは何か。簡単に言ってしまえば、ダムの壁を高くすることである。

例えば、高さが一〇〇mのダムがあるとする。もし、このダムをあと一〇m高くすれば、それだけ多くの水が貯められるし、水位も一〇m上がる。

つまり、壁が高くなれば、ダム湖の容量が大きくなるし、湖水の水位も高くなるわけだ。

〈ダムの嵩上げイメージ〉

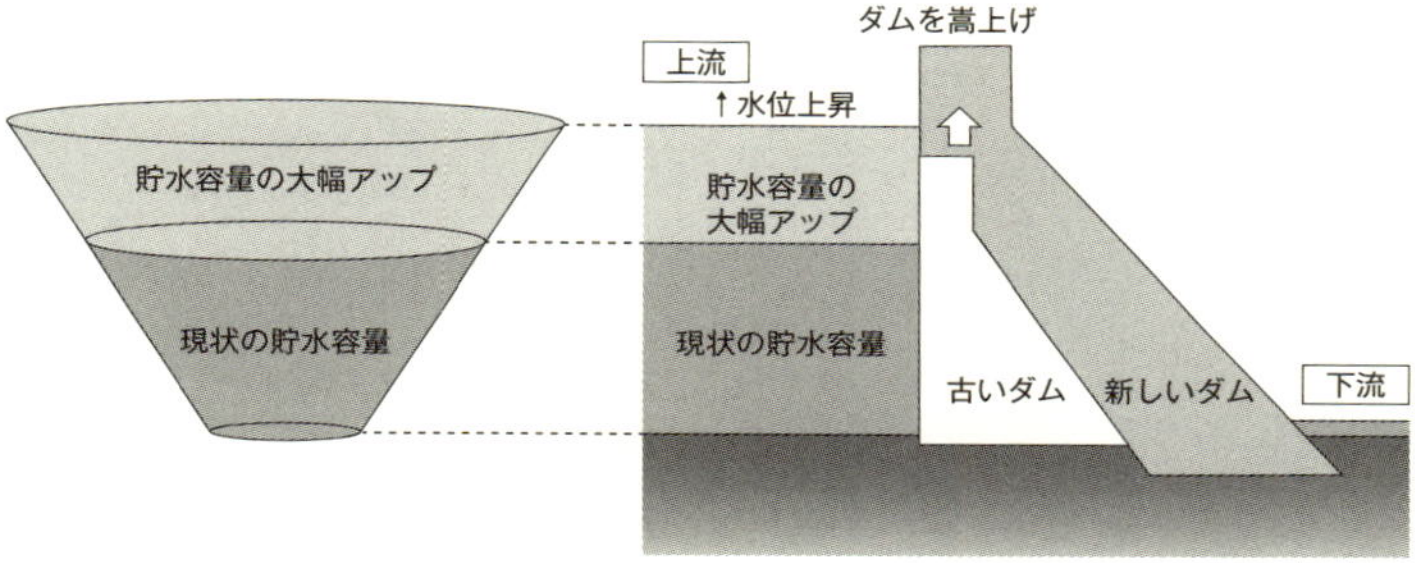

これが発電力の増加につながる。水力発電では、ダム湖の水は量が多いほど効率が良くなるし、ダム湖の水位の高いほうが効率が良いのが原則だ。

その理由は、水の位置エネルギーが、その重さと高さに比例するからだ。

ダム湖の水をたくさん貯めれば、重くなるうえに、高さも稼げるために、エネルギーが大きくなる。

だから、ダムの容量を増やし、水位も上げる嵩上げを行えば、発電力を増加させることができるわけだ。

もっとも、こうお思いの方もいるかもしれない。

「一〇〇mから一一〇mに上げるのだから、たった一〇%の違いじゃないか」

ところが、この一〇%が大きな意味を持ち、電力で考えると、単純計算では発電量が倍増する可能性さえある。

ダム湖は上へ行くほど面積が広くなるため、少しの嵩上げでも増える水量が大きい（上図参照）。しかも、上部に水を増やすので位置エネルギーの増加量はより大きくなる。そのため、少しの嵩上げでも、ダムの発電能力を効率よく増加させられるわけである。

そして、嵩上げの工事は、新規のダムを造る工事に比べて約三分の一しか費用がかからないし、人家を水没させたり自然環境を破壊したりするリスクはほとんどないのである。

その証拠に、既存ダムの嵩上げは多数の実例がある。

例えば、広島県の三高《みたか》ダムは、一一・四mの嵩上げを行い貯水量を二・五倍に増加させている。これは農業用水確保のための嵩上げで、同様のケースは全国に二〇か所ある。

また、多目的ダムの嵩上げの例も六七か所と多く、長崎県の下《しも》の原《はる》ダムでは渇水対策として五・九mの嵩上げを行い、貯水量を一・七倍にしている。

発電利用の嵩上げの例も、石川県の尾口《おぐち》第一ダムなど全国に一〇か所ある。

ダムの嵩上げは既に行われていることでもわかるように、難しい工事ではない。建設業に詳しい福島水力発電促進会議の佐藤代表によれば、

「生コンを打つだけだから簡単だし安い。中小の建設会社でもやれますよ」

というわけだ。

水力の発電コストは支払済み

「運用を変えたり嵩上げしたりすれば、水力発電は増やせるのかもしれないが、結局、水力の電力は高くつくんじゃないか。そう聞いたことがあるぞ」

エネルギー問題に詳しい人は、こう言うかもしれない。確かに、発電コストを比較してみると、水力は石油や石炭、天然ガスなどの火力や原子力に比べて割高に見える。

ただ、よく内容を見てみると、水力の場合、初期の設備投資が全てで、燃料費が全くかかっていないことがわかる。他方、火力や原子力は燃料費がかなりかかる（35ページ参照）。化石燃料にせよ核燃料にせよ、資源量が限界に近づいていて、近い将来、燃料費の高騰が予想される（29ページ参照）。そうなれば、発電コストは水力と差のないものになるだろう。

また、今は高く見える水力発電のコストだが、将来的にはどんどん下がっていく。なぜなら、水力発電のコストのうち、最も占める割合の大きいダム建設費用については、既に支払済みだからだ。ダムは半永久的に使えるから、最初に費用が支払われれば、以降は支払う必要がないわけだ。

ダム以外に必要な設備は、基本的に、火力や原子力と同様だから、コストもほぼ同様の金額になる。

将来にかかる経費だけで見ると、水力では発電設備などだけが消耗によってかかってくるが、火力や原子力では発電設備に加えて燃料費もかかることになる。

すると、既に支払われた分を除いて、将来にかかるコストだけを計算するなら、水力のほうが、ほかの発電よりも圧倒的に安価ということになる（35ページ参照）。

つまり、事実上、水力は最も安い電力を供給できるわけだ。

実際、エネルギー発生の効率で見ると、水力がかなり良いという資料がある。「エネルギー利益率」（ＥＰＲ）という数値を比較したものだ（『水力発電が日本を救う』91ページ参照）。

ＥＰＲとは、各発電方法を実行したときに必要とするエネルギーに対し、何倍の電気エネルギーが得られるか、という指標のことだ。

例えば、ＥＰＲが2だとすると、発電所を造ったりするのに必要なエネルギーの二倍の電気エネルギーを起こせるという意味になる。

さて、このＥＰＲを各発電方法で比較すると、原子力がトップで、僅差の二番が中小水力となっていて、火力や太陽光などよりも圧倒的に水力のＥＰＲは高い。

ちなみに、これは東日本大震災前の『日本経済新聞』に載っていたデータで、現在では原子力のＥＰＲは見直す必要があるだろうし、相対的に言って、水力の地位はもっと高まっているのではないかと思う。

このように、水力発電は大変に効率の良い発電方法なのである。

中小水力発電の具体的なイメージ

次に、未発電ダムを使った水力発電の開発について、竹村の理論に沿ってご説明する。

日本には非常に多くのダムがあるのだが、大きなものでは、国が直轄している多目的ダムから、都道府県が管轄している小さな砂防《さぼう》ダムまで様々だ。

そのどのダムについても、水力発電に利用できる。

なかでも、莫大な数に上る中小ダムの潜在力は巨大なものである。

ダムが大きければ発電量が大きくなるし効率も良くなるが、小さいダムでも発電は可能である。

ダムの高さが一〇ｍクラスの小さな砂防ダムでも発電は可能で、取水量にもよるが二〇〇から三〇〇ｋＷほどの電力が得られる。二〇〇ｋＷというと小さすぎると思われるだろうが、実際にはバカにならない。

なぜなら、砂防ダムの場合、一つの渓流でいくつも存在しているからだ。仮に一つの渓流に五つの砂防ダムがあれば、その一つ一つで発電できる。二〇〇kWだとすると五つで一〇〇〇kWになるわけだ。

さらに、一つの川には、いくつもの渓流が支流として存在する。支流全ての砂防ダムの数を合計すれば数十になることも珍しくなく、その全てのダムを発電に利用すれば、何千kWにもなる。多目的ダムでの発電を平野部の大規模水田とすれば、山間部の棚田のようなイメージであろう。

こうした状況が日本中の川で存在しているわけで、一つ一つの川のダムの発電量が数千kWでも、日本全国を集めれば膨大な電力となる。

日本には多数のダムがあり、全国で新たに中小水力発電に利用できる箇所は、調査によって様々な数字を挙げているが、どれも数千のけたに上る。

例えば、平成二三年（二〇一一年）に環境省が行った調査では、出力三万kW未満の水力発電を新たに開発可能な場所は二万か所以上あり、その全てを開発すると、総電力は一四〇〇万kWに上ると試算されている。

中小水力発電の潜在力は非常に大きいのである。

〈既存ダムへの水力発電所新設事例〉

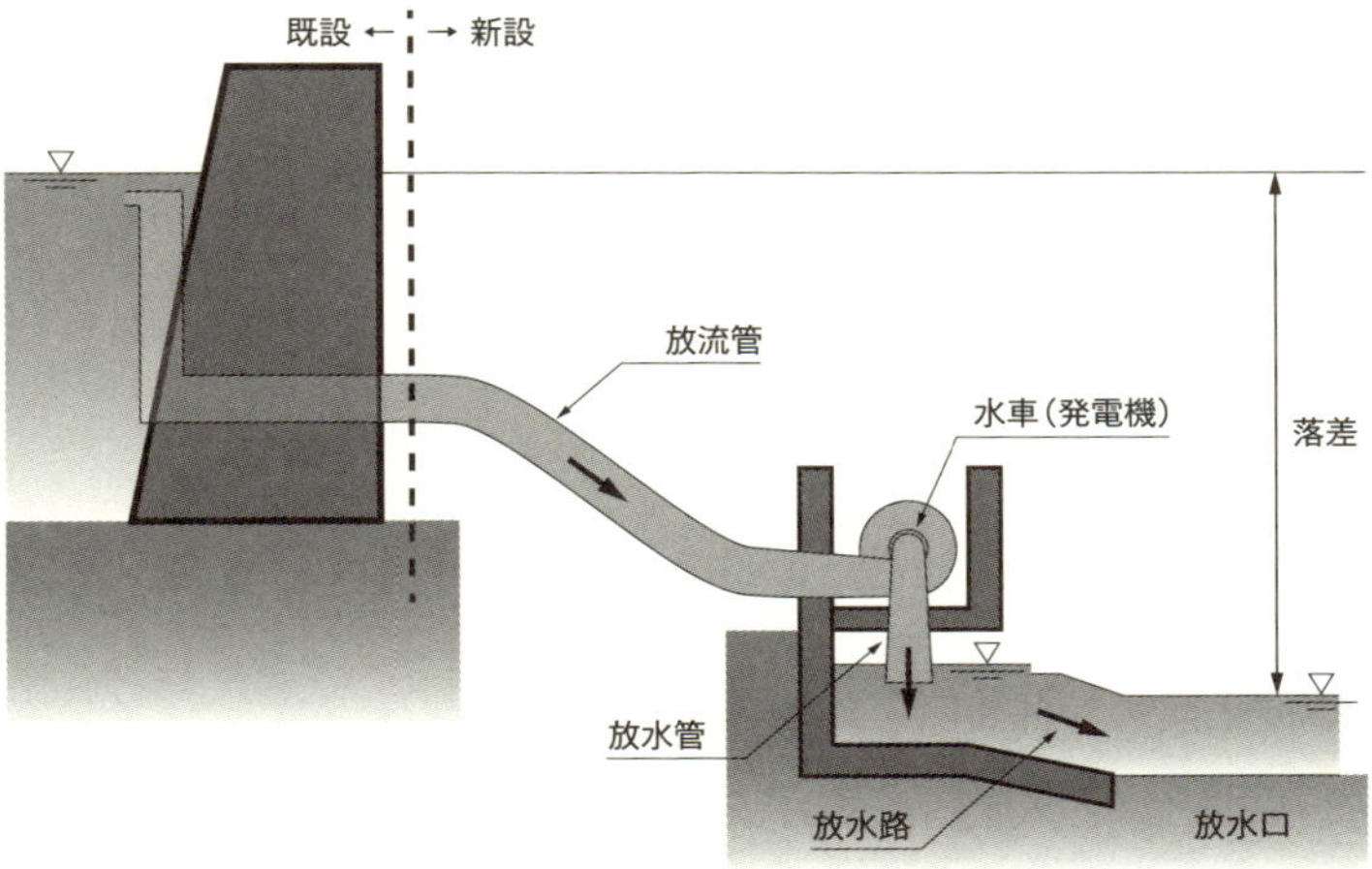

出典：「うきは藤波発電所竣工資料」を基に作成

少なくとも二〇〇兆円分の富が増える

日本に一年間に降る雨や雪の位置エネルギーを、全て水力発電で電力に変換すると、七一七六億ｋＷｈになると試算されている。

今の日本で一年間に発電されている電力量は約一兆ｋＷｈだから、もし水力を完全に開発できれば、電力需要の七〇％ほどを賄える計算だ。

実際には、全ての降水の位置エネルギーを電力量に変換するのは不可能で、これはあくまで理論値だ。現在の水力発電の電力量は九〇〇億ｋＷｈ強であり、理論値にはほど遠い。現実にどこまでの開発が可能かは、技術と経済の状況次第となる。

少なくとも、運用変更と嵩上げは今すぐにでも実現可能である。全国のダムについて試算してみると、運用変更と嵩上げだけで、三四三億ｋＷｈの電力量を増やせることがわかっている。

さらに、現在のところ発電に利用されていない中小ダムを開発することは、技術的には何ら問題ないし、再生可能エネルギーの固定買い取り制度であるＦＩＴ制度のおかげで、経済的にも好条件となってきた。

中小水力発電については、開発可能地点の試算が調査によって違っていて定説はないが、少なくとも一〇〇〇億ｋＷｈほどの電力量が増やせると言われている。

運用変更と嵩上げで約三五〇億ｋＷｈ、これに一〇〇〇億ｋＷｈの電力量を加えれば、一三五〇億ｋＷｈの増加となる。

すると、水力全体で二二〇〇億ｋＷｈ以上となり、日本全体の電力需要の二〇％を超える。これだけの純国産電力を安定的に得られる意味は非常に大きい。

と言っても、ｋＷｈなどという単位でご説明しても、直感的にピンと来ないと思う。電力を金額に直したらどうなるか。

仮に、水力発電の電力量が現在より一〇〇〇億ｋＷｈだけ増加したとする。将来の電力料金がいくらになるかは予想できないので、現在の料金で考えよう。家庭用電力料金では、平均して一ｋＷｈ当たりを二〇円だとすると、一〇〇〇億ｋＷｈの電力料金は、年間に約二兆円分に当たる。

つまり、純国産のエネルギーが毎年、二兆円分も増加するわけだ。

しかも、発電に最も重要で最も巨大な投資を要するダムは、半永久的に使える。仮に一〇〇年しか使えなかったとしても、年に一〇〇〇億ｋＷｈの電力量の増加を一〇〇年分で、二〇〇兆円分の電力を余計に生んでくれる計算になる。

つまり、ダムとは、この先の日本に、二〇〇兆円を超える富を増やしてくれる巨大遺産なのだ。

竹村がこう主張するのは、この後、五〇年後、一〇〇年後の日本を考えるからだ。未来の幸せのためにも、今生きている人間が、ダムという遺産を存分に活用するための道筋を作っておくべきなのである。

電力源分散化の時代に中小水力発電が有効

これから先、日本社会の電力供給について考えると、今までのように火力に偏ることは考えられない。化石燃料による発電は徐々に減ると覚悟しなければならないが、かと言って、原子力発電に多大な期待をするのはもう無理だろう。

となると、使える物は全て使うという姿勢で臨むしかなく、再生可能エネルギーを含めて電力源を多様に求めることになる。

つまり、電力源を分散する時代が来るわけだ。

そうした将来を見込んで、今、再生可能エネルギーについての開発が盛んになっており、太陽光発電や風力発電、バイオマスなどの計画が進められている。

中小水力発電も、再生可能エネルギーの一つとして有望だと考えられている。これは巨大ダムではなく、もっと小さなダムを利用した発電のことだ。

中小水力発電の開発が、これからの日本では重要になる。だが、中小ダムを利用した場合、あまり大きな発電能力は期待できないため、東京や大阪などの大都市の電力需要を賄うのには無理がある。大都市については、もっと大きな発電能力のある施設を用意するしかない。

だが、地方の中核都市クラスの需要には、中小水力発電の規模でもかなりの割合で供給が可能だし、もっと小さな都市や村クラスの需要ならば、条件次第で、中小水力で賄うことも不可能ではない。

この先、化石燃料の埋蔵量がもっと少なくなって、高騰が予想されるが、エネルギー問題がひっ迫する時代となれば、国内で使える電力源は今よりも格段に貴重となる。中小水力発電によって、地方都市の電力需要をカバーすることの意味は大きい。

既に述べたように、日本列島の特色として、川の流れる山岳地帯がどこにでもあるし、ダムについても無数に造られている。そうした山岳地帯のダムにはどこにでも中小水力発電の可能性があるわけだ。

ところが、現実を見ると、中小水力発電の開発はほとんど進んでいないのである。

原因は、中小水力発電の開発を進めるべき水源地域の事情にある。

「利益は全て水源地域のために」という原則

「利益は全て水源地域のために」

中小水力発電を進めるためには、この原則が必要だと竹村は言う。

水力開発をビジネスだと考えるのではなく、水源地域の持続可能な発展のための公共的プロジェクトだと割り切るということだ。

近代以来、都会に生きている人々に電力を供給するために、水源地域の人々は犠牲を強いられてきた。その結果、急速に過疎化が進み、地域社会全体が消滅の危機を迎えている。その一方で、日本全体では、海外からのエネルギー輸入の限界が見え始めており、エネルギー供給の危機が近づいている。国産エネルギーの開発が急務となっていて、中小水力発電の開発を進めるべきだと考えられている。

こうした状況を打破するために、次のように発想を転換するのだ。

「中小水力発電は、それまでのように都会のために水源地域を犠牲にする開発ではなく、逆に、水源地域のために開発する」

これならば、水源地域が自ら行う中小水力発電なのだから、地元社会の計画への合意が得られる。

そして実現した中小水力発電の利益は、地元社会全体に還元する。地元自治体の財源に充ててもいいし、過疎対策のための基金にしてもいい。

中小水力発電の開発により、水源地域が新たな自己財源を得るだけでなく、日本社会全体にとってもプラスになるはずだ。温室効果ガスを排出することのない電力源により、再生可能な形でエネルギー自給率を高めることができるからだ。

中小水力発電の利益は全て水源地域のために。

近未来の日本を明るい方向へと動かすカギは、これなのである。

ちなみに、福島水力発電促進会議では、竹村のこの原則を「水源地域還元方式」として実際の事業運営に応用しようと考えているのだが、詳しくは後の章に譲る。

水力開発支援センター

「中小水力発電の利益は全て水源地域のために」という原則を具体的に言い換えれば、水源地域の自治体自身が、中小水力発電の事業主体になるべきだということである。

だが、「小さな自治体に水力発電を開発し運営する能力があるか」という現実問題がある。解決のためには、中小水力開発のための仕組みとなる法律を作ればいいと、竹村は言う。仕組みのポイントは、次の三つの組織を作ることだ。

①水力開発支援センター

②保証実施団体

③SPC（スペシャル・パーパス・カンパニー）

まず、①の水力開発支援センターとは、専門家集団のことだ。この集団が、中小水力発電に適した場所を選び、発電設備建設、資金調達、運営など、事業計画を立案するのである。こうした水力発電の専門家集団が実際の事業計画を立てて、それに基づいて発電所が設置され、運営が行われることになる。

専門家が実務を全て取り仕切ってくれるので、全く経験のない水源地域の自治体でも、中小水力発電の開発が行えるわけである。

次に、②の保証実施団体とは、資金調達のために必要となる組織である。

水源地域の自治体が自ら事業を行う場合、事業そのものが担保となるため、資金調達で問題となるのは事業の有望性だが、水力開発支援センターがきちんと事業を評価しているので、この点もクリアできるだろう。

こうして、基本的には資金調達の問題も大丈夫なのだが、中小水力発電の開発をさらに加速したいところだ。

そのための組織が、保証実施団体である。

これは、水力開発支援センターが評価した事業計画について融資を受ける際、金融機関に対して保証を与える団体である。もし特定の事業が失敗しても、ここが返済をしてくれるので、地銀などは融資を実行しやすくなる。

水力開発支援センターの実現性の高い事業計画、大企業を中心とする保証実施団体、その上の政府保証、これだけ用意すれば、地銀も中小水力発電に安心して融資ができるようになるはずだ。

三つ目に、重要なのが運営だ。そのために作るのが、③のＳＰＣ（スペシャル・パーパス・カンパニー）という、水力発電所を運営するための特別目的会社である。

これは、堅実な金庫番の役目が果たせれば充分であり、具体的には会計事務所に任せればいいと思う。その下に、ゼネコンや水力発電施設のエンジニアなどの技能集団がいるという形で運営する。

つまり、ＳＰＣは財務管理などの実務を取り仕切り、発電施設の運営などは技能集団に任せるわけだ。

ＳＰＣは、発電所を建設するときに必要となる各種申請なども行う。河川は国が管理しており、発電所を造る際には国土交通省に申請が必要となる。そうした申請を、ＳＰＣの作業部隊が行うわけだ。

各自治体の発電所ごとにＳＰＣと技能集団が付くわけだが、ＳＰＣも技能集団も水力開発支援センターが準備することになる。

①水力開発支援センターが事業計画を立案する。

②保証実施団体が後ろ盾となることで、事業資金を地方の金融機関から調達する。

③ＳＰＣが事業を実際に立ち上げ、運営していく。

この三つのステップで、日本全国の水源地域に、小さな発電所が次々に出現するわけだ。

この体制により、国や福島県、他の都道府県、市町村、電力事業者が一丸となって連携し、公の補助金に依存せずに、民間金融機関などの資金による、県内の既設ダムを最大限活用した水力発電の増強が可能になる。

河川法の目的はこれまで二度変わった

現在のダムの潜在力を活かすカギを握っているのは、河川法という法律だ。

河川法というのは、日本の川に対する国の姿勢を定めており、水力発電は川の水を利用するのだから、当然、河川法によって規制されている。

つまり、水力発電を活かすも殺すも、河川法次第というわけであるが、残念ながら、今のところ、この法律は、水力の底力《そこぢから》を引き出すのに役立っているとは言えない。

では、どこが悪いのか。注目すべきは第一条である。

どの法律でも第一条というのは、その法の趣旨や目的が書かれている部分だ。河川法でも同じであり、第一条には、国が河川を管理する目的が書かれている。

明治二九年（一八九六年）に河川法が初めて制定されたとき、第一条に記されている目的は治水だけだった。つまり、最初は、川の氾濫を防ぐことしか考えていなかったわけである。

昭和三九年（一九六四年）になると、ここに利水が加わる。第一条に「河川が適正に利用される」という言葉が入った。このときから、治水と利水を両立させる多目的ダムが、日本各地で造られるようになった。

さらに、平成九年（一九九七年）には、第一条に「環境」という言葉が加えられた。治水、利水だけでなく、川の環境保全も国の目的になったわけだ。このときを境に、日本では、河川の環境を破壊する巨大ダムの開発が収束していったのである。

さて、河川法の第一条に表れた、国の河川管理の目的をまとめると、こうなる。

明治：治水だけ
　　←
昭和：治水と利水の二つ
　　←
平成：治水と利水、環境保全の三つ

つまり、河川法は、過去に第一条が二度も変わっている。

実は、河川法のように第一条を二度も変えた重要法規は稀《まれ》だ。法律のほかの条項が改正されることは珍しくないが、第一条が変わるのは珍しいのである。

というのも、第一条が変わると、法律の趣旨が変わってしまうからだ。河川法というのは国家の根幹に関わる重要な法だけに、目的を変えてしまったのは、ただごとではない。

河川法が二度も第一条を変えたのには、やむを得ない理由があったのである。

第一条に「利水」を加えた昭和三九年（一九六四年）は、高度成長期だった。この頃の日本社会は急速に工業化が進んでいて、川の水もまた、それまでの農業や漁業よりも工業への需要が拡大しつつあった。そのため、国が水利権の管理を行うことで、混乱を防止する必要があったのである。

また、「環境保全」を新たに加えた平成九年（一九九七年）は、日本のＧＤＰがピークに近づいた頃であり、環境破壊が深刻な問題として浮上しつつあった。このときの第一条の改正は、そうした時代の要請から行われたものだったのである。

このように、日本社会の変化に順応する形で、河川法は目的を過去に二度、変えてきた。そして、今、河川法は三回目の目的変更をすべきではないかと、思えるのだ。

なぜなら、日本社会はまた、大きな変化に直面しているからだ。

世界は、石油や天然ガスなどの化石燃料を中心としたエネルギー源の枯渇の時代へと近づいている。化石燃料のほとんどを輸入に頼っている日本では、エネルギー不足が深刻化していくだろう。また温室効果ガス削減のため、化石燃料による発電は世界的に抑制が迫られている。

そんなとき、水力のエネルギーを無駄にするようなことが許されるだろうか。

早いうちに国は、三度目の河川法第一条改正を行い、水力開発に積極的に関与する姿勢を取るべきだと、竹村は言う。

河川法改正こそ水力増強のカギ

「河川のエネルギーは最大限、これを活用しなくてはならない」

例えば、河川法の第一条にこうした文言を加えれば、国が河川のエネルギー利用に積極的に関与することを宣言することになるが、こうした改正が今求められている。

なぜなら、現在の日本でダムの発電能力が半分も活かされていない原因の一つが、国の消極的な姿勢にあるからだ。

現在、国は、自らが水力発電を開発しようとしてはいない。誰かが水力を開発したいと申し出るのを、ただ待っているだけなのだ。

例えば、電力事業者が、国や県の持っているダムを発電に利用しようと計画したとしても、国はただ許認可するだけであり、電力開発を推進しようとはしない。

これは、現在の河川法第一条に「エネルギー活用」が書かれていないせいなのだ。

ご説明したように、昭和三九年（一九六四年）に河川法第一条が改正され、「利水」を加えたことで、高度成長期の要請に見事に応えた。その一方で、川の水利権について、国自身はただ管理するという立場だと位置づけてしまった。

だが、これからは、そんな消極的な姿勢では居られなくなる。

世界的に、石油、石炭、天然ガスなど化石エネルギー資源が枯渇に近づいている。さらに、原子力発電は重大な岐路に立たされていて、積極的に拡大することが難しい。

石油などの化石エネルギー資源が乏しい日本は、今までのようにエネルギー資源を容易に輸入できなくなるだろう。完全に純粋な国産エネルギーである水力発電を無駄にすることは、エネルギー枯渇が心配されるこれからの時代にそぐわない。

だから、国が積極的に水力発電開発に動かねばならないのだ。

かつて、平成九年（一九九七年）に河川法第一条に「環境」という言葉を加えたとき、川の環境保全に関して状況が一変した。河川法第一条が変わった瞬間、役所全体の意識が変わり、川の環境保全へと積極的に動き出したのである。

あのときと同様に、もし、河川法の第一条に、「水力エネルギーの最大活用」を加えれば、水力発電の開発が大きく進展するだろう。

国が積極的な姿勢へと転換すれば、ダムに眠っている巨大な潜在的な電力を現実社会に活かすことができるはずなのである。

第3章

竹村理論の実践で浮かんだ問題点

福島で実践しようとしている水力増強計画とは

福島水力発電促進会議では、竹村の理論を実践して水力の潜在力を活かすために、県内の河川とダムを使った具体的な事業計画を立てた。主要なものは以下である。

①木戸《きど》ダムに発電所を建設する

この事業は新規発電所を造るものだ。竹村の理論のうち、まだ発電設備のないダムを利用するケースの実践である。

②会津《あいづ》地区の大規模ダムの嵩上《かさあ》げ

この地区には大規模な電力ダムや多目的ダムが多数あるが、竹村の理論の一つである嵩上げを実行することで、発電力を増強するというプランである。

また、東京電力や東北電力など大手電気事業者が所有している電力ダムを使って古くから稼働している発電所について、発電設備をリニューアルして発電量を増大させるアイデアもある。

これについては、福島水力発電促進会議が電気事業者とどのような関係で事業を進めればいいのかを模索する。

③大玉村《おおたまむら》の河川に発電所を造る

県内の奥羽山脈安達太良山《あだたらやま》の東麓《ひがしふもと》に位置する大玉村の小さな河川にある砂防《さぼう》ダムの農業用施設を使い、流れ込み式の発電所を造る計画。これは竹村理論の中小水力発電の典型である。

この三つの事業計画により、竹村の理論を実践しようと福島水力発電促進会議は試みた。ところが、その過程で様々な問題点が浮かび上がってきた。

この章では、その問題点について述べていく。

木戸ダムを水力革命のキックオフに

福島県には中小の水力発電所の開発可能地点が多いと、甚野源次郎《じんのげんじろう》代表は言う。

「小水力発電ということでは、福島県内において既に実績があるんです。東鴉川《ひがしからすがわ》の流域にある土湯《つちゆ》温泉の第三堰堤《えんてい》を活かして『土湯温泉東鴉川水力発電所』を造り、平成二七年（二〇一五年）の四月から運転をスタートさせています。

これは、地元が資本を出し合って設立した『株式会社元気アップつちゆ』という会社が事業化したものです。砂防堰堤を利用して一民間企業が手掛けたということで注目されて

〈木戸ダム〉

います。

この場所は、国立公園の中にあり、自然公園法による制限のある土地でしたし、砂防法の制限もありました。ほかにもいくつかの多様で煩雑な手続きが必要でしたが、関係機関との調整について、私どもが積極的に支援させていただきました」

この事業が成功したのは、震災復興という事情があったからだった。復興という意味では福島県全体が同じ状況にあるわけで、県全体についても官民が一体となって水力発電を推進できるのではないかと、甚野代表は言う。

最初に福島水力発電促進会議が手掛けようとしている計画の舞台が木戸ダム

だ。福島県浜通《はまどお》り地区の楢葉町《ならはまち》に、福島県が管理している木戸ダムという多目的ダムがある。資源エネルギー庁が実施した『平成二七年度中小水力開発促進指導事業基礎調査』によると、木戸ダムは中小水力開発について、全国で二番目に有望だとされている。

楢葉町は、福島第一原発事故により長期間、警戒区域に指定されていたこともあり、福島水力発電促進会議では、木戸ダムを水力発電増強の第一号事業として考えていた。

「今回の震災と事故では福島県全体が被害を受けていますが、どこよりも苦労されている浜通り地区のダムこそ、まず、開発のモデルになるべきだと、私は思っています。

木戸を開ける、という意味で、木戸ダムが新しい福島の未来を開くキックオフになるなら、復興の象徴にふさわしいじゃないですか」

福島における水力促進のスタート、まさにキックオフとして木戸ダムが選ばれたということだったのである。

ダムを使うのなら建設費用の一割を負担しろ

木戸ダムが建設された木戸川は、福島県の太平洋岸に位置する浜通り地区の双葉郡川内村《ふたばぐんかわうちむら》と楢葉町を流れる二級河川だ。阿武隈高地《あぶくまこうち》を水源とし、山間部を東に向かい、楢葉町市街地を流れて太平洋にそそぐ。

　この木戸川には東北電力が管理する発電所が三つあり、今回、福島水力発電促進会議により、第一発電所と第二発電所の間に位置する木戸ダムを利用した発電事業が計画された。

　この事業は、木戸ダムを管理する福島県から、地元自治体とふくしま未来研究会、信夫《しのぶ》山《やま》福島電力により設立するSPC（スペシャル・パーパス・カンパニー、98ページ参照）が、小水力発電事業の委託を受けようと考えている計画である。

　発電のやり方は、ダムの水を工業用などに利用するために設けられている導水管を用いる従属発電と呼ばれるものだ。これにより、約二〇〇〇kWの出力が見込まれる。発電によって得られた電力はFIT（固定価格買い取り制度）により売電され、水源地域還元方式により地元自治体に利益が還元される。

　以上が、木戸ダムを使った事業計画の概要だ。

では、この計画がどのように進み、どんな障害にぶち当たったのか、ご説明していこう。

　木戸ダムの場合、多目的ダムであっても、まだ発電設備がない。治水のための容量を空けておくために、一定の水位を超えたダム湖の水は、ダムに開けられた穴から放流されているだけの状態である（110ページ参照）。

　当初、計画を立案している段階では、この水を発電に使えないかと考えられていた。つまり、潜在的な電力が無駄に捨てられているのは全くもったいない話であり、これを何とか利用できないかということである。

ところが、これは簡単な話ではなかった。福島水力発電促進会議の事業計画を打診すると、

「放流されている水で発電するのなら、応分の負担が必要です」

と、ダムの管理者である福島県から返答があった。その負担金を試算してみると、四四億円という金額になったのである。

それまでただ捨てていただけの水を使うのに、なぜ、そんな大金を支払う必要があるのか。そう思うのが普通の感覚だろう。何かの間違いだろうと。

ところが、現在の法律では、むしろ、これは当たり前のことと見なされるのだ。その理由はこうなる。

木戸ダムを建設するときに四四四億円の費用がかかっている。河川の安全確保や水道用水の安定化など、様々な公的な目的のために、国や地方自治体に収められた税金によって、その費用は賄《まかな》われた。つまり、建設当初から明確に示されている公益のために造られたダムである。それなのに、もし、当初の目的とは違う用途で木戸ダムを使うというのなら、ダム建設にかかった金額のうち、ダム利用の割合に相当する部分を支払わないと不公平で

ある――。

これは、ある施設によって利益を得る者がそれを造る費用を負担すべきだとする、受益者負担の原則を適用した結果だった。

腑に落ちないバックアロケーションの基準

受益者負担の原則を、後から参加した利用者に適用することを、「バックアロケーション」と呼ぶ。公共物が税金で建設されていることを考えれば、公平な費用負担は当然だし、バックアロケーションを求めるのは、もっともな論理ではある。

それまで発電設備のなかった木戸ダムに新しく発電所を造ろうという事業計画に対し、現行のルールに従って算出したバックアロケーションが、ダム建設にかかった費用の約一割に当たる、四四億円という金額だったわけである。

確かに、バックアロケーションには正当な理由がある。だが、どんな場合にバックアロケーションが発生し、どんな場合には発生しないのか、具体的に見ていくと、現在のルールに疑問が生じてくる。

木戸ダムの場合、既に認められている目的のために使う導水管がある。これは水道用水や農業用水などを通すパイプのことだ。〝県の事業〟としてこの水を使って発電するのなら、バックアロケーションが無料になるというルールになっている。これを管理用発電と呼ぶが、県が発電する場合、それを使ってダムを管理する費用に使うという理屈になるのでバックアロケーションがなくなるのだ。

ちなみに、特定の目的で流している水を、その目的を邪魔しない範囲で利用することを従属利用と呼ぶが、管理用発電は従属利用、つまり、主たる目的のついでに利用しているという解釈になり、このこともバックアロケーションが無料になる理由となる。

ところが、ほかに目的がなく、もっぱら発電のためにダムの水を使うと、事情が全く変わって来る。

木戸ダムには常用洪水吐《じょうようこうずいばき》という穴が開いていて、治水のための水位を超えた水が放流されている。これを使って発電すると、事業者発電と見なされる。すると、受益者負担の原則が適用され、建設費用の一割という巨額のバックアロケーションがかかってしまう理屈になるわけだ。

木戸ダムの場合、導水管を使った従属利用による管理用発電ならバックアロケーションが抑えられ、事業の採算が辛うじてとれることがわかった。そのため、当初の目論見を変更して、導水管を使った事業へと、計画の舵をきり直したのである。

一割のバックアロケーションでは中小水力発電の多くが成り立たない

行政がやる管理用発電ならバックアロケーションがないので、事業化はしやすい。けれど、同じ水を使っても、事業者が発電を行おうとすると、途端にバックアロケーションが発生し、事業化が極めて難しくなる。

この理屈は非常に奇妙だが、中小水力開発にとっては極めて大きな壁となっている。例えば、木戸ダムの場合、試算してみると、ＦＩＴを使って二〇年間に得られる総収入のうち、三分の二がバックアロケーションで消えてしまうことになる。

これは木戸ダムだけの特殊例ではない。全国の小規模なダムを使った中小水力発電のほとんどで、見込まれる発電による総収入の大半がバックアロケーションで消える。そのために、事業化できなくなるケースが多いのだ。

つまり、バックアロケーションが壁となって、中小水力発電の開発を、事実上阻んでいるわけである。

電気事業法という法律によれば、電気事業者がダムの水で発電するときには相応の費用負担をしなければならないと定められている。

つまり、施設を管理している自治体が何かに使う水でついでに発電すればバックアロケーションはないのに、ほかの自治体や電気事業者がただ捨てている水で発電すると、バックアロケーションが発生するというおかしな話なのだ。

税金で造られている公益物に対して受益者負担の原則を適用するのはもっともだとしても、ダムの水のエネルギーが利用されることなく無駄に捨てられたままでいいわけではない。そもそも、川の水もまた公共物であり、そのエネルギーもまた公共のものと言える。それなら、公共物である水力エネルギーを無駄に捨てることは、税金の無駄遣いと同じことだ。

治水のために放流している水はただ捨てられているだけのものだ。これを発電に使ったところで、誰も迷惑する者はいない。それどころか、今まで捨てられていたエネルギーを日本社会のどこかで使えるようにするのだから、社会全体で見れば、明らかに公益性がある。

開発するのが自治体だろうが電気事業者だろうが、捨てられている川の水を発電に利用するのは無駄を減らすことになる。元々捨てられている水を使っているだけのことで、誰の迷惑になることもなく、水を泥棒しているわけでもない。

捨てられている水を発電に利用することは、それだけで、既に公益性があると考えていいのではないか。

ましてや、竹村の理論で想定しているように、事業主体が地元自治体であり、民間の組織がそれを手助けする形で運営する場合、山間地の自治体には直接的な財政的メリットとなる。これは日本全国で問題となっている過疎化に対する有力な対策となると思われるし、極めて公益性の高い事業だ。

少なくとも、公益性が認められる事業に関しては、ダムの水の発電利用について、現在のルールを見直すべきではないだろうか。

ダムの水が無駄になっている

さらに、木戸ダムでの事業計画を実現させようとするうちに、法律上の問題点も見えてきた。

竹村の理論では、最新の気象予報システムを使って、今あるダムの水を、雨の降らないときにもっと貯めておくことにより、発電量を増やすことができるとしている。

そのために、全国のアメダスによる情報をデジタル化して雨量の予想をきめ細かくしたり、最新のＡＩ（人工知能）を使ったりして、安全性を確保したうえでダムの貯水率を最大化することが考えられている。

この理論を実践できないかと、福島水力発電促進会議では、県内のダムで効率運用の可能性を探ってきた。ところが、明らかになったのは、様々な規制の壁だったのである。

「今の多目的ダムでは、雨が降ってきてダム湖に流れ込んできた水を目的外に使わないような仕組みになっているんですよ。

例えば、雨が降るとダム湖の水位が上がりますよね。すると、増えた分の水は、ダムに造られている越流堤《えつりゅうてい》という出口から放水路へと、あふれて出ていく構造になっています。雨が降ると越流堤から越流するため、ダムの安全性を確認したうえで、この出口にゲートを設置して水位を上げ、発電施設を設置すれば、無駄に捨てられている水で発電が可能になります。

ところが、ダムの所有者である福島県は首を縦に振らない。なぜなら、法律ではそれをやっていいことになっていないからです」

福島水力発電促進会議の斎藤恭一《さいとうきょういち》技術部会員は、そう語る。

そもそも、福島県は、再生可能エネルギーを増やすという目標を掲げている。その福島県が持っているダムを使って、再生可能エネルギーである水力発電の電力を増やそうというのだから、一見、簡単に許可が出そうなものだが、そうはいかなかった。

「もちろん福島県では、水力を増やすのが嫌なわけじゃないんですよ。県のほうだって、ゲートを造って水位を上げたところで、ダムが壊れたりするわけじゃないのは知っているんです。危険性もないし、水力発電を増やせば県の財政や地元自治体のためにもなることだって、わかっていただいているんです。それでもやれない。

今の法律でそれをやれば、法律違反になるから、できないんですね」

つまり、法律が変わらない限り、無駄になっているとわかっている水力エネルギーを、そのまま垂れ流しにするしかないということなのである。

特ダム法の壁で発電機が設置できない

日本の多目的ダムには、予《あらかじ》め決められた目的がある。例えば、農業用水を確保するためのダム、洪水予防のためのダム、水道水確保のためのダム、そして発電のためのダムという具合に、目的が決められていて、それ以外には使ってはいけないという原則がある。

この原則を法律にしたものが特定多目的ダム法だ。

日本には数多くのダムがあるが、なかには、建設のときに水力発電を目的としていないダムも多い。だが、水力発電を目的としていないダムであっても、水を貯めている以上、発電することができる。

竹村はそうしたダムのエネルギーも利用すべきだと主張していて、福島水力発電促進会議もこれに賛同している。会議の佐藤代表はこう言う。

「多目的ダムの場合も、造ったときから使い道がみんな決まっちゃっているから、それ以外に使っちゃならんというのはおかしいと思うんですよ。これは治水と水道用に造ったんだから、発電しちゃならんという今の法律は変だと。

農業ダムもそう。今の法律だと、田んぼに水の要らない時期になると自動的に空にしなくちゃならない。

でも、ダムの水を空にして、誰が得をするのかというと、誰も得なんかしないんですよ。ただダムを遊ばせておくだけになるんです。

発電していない多目的ダムも同じ。治水のためだと言って、貯めた水を発電しないで放流しても、それが何かの役に立つわけじゃない。貯めた水のエネルギーを、ただ捨てているだけなんです。実にもったいない話ですよ」

ただ、こうした無駄について、中央官庁のほうでも気づいているようだ。

「農林水産省では、発電設備のついていない農業ダムについて、全国で、二〇か所以上で新しく発電設備をつけようとしていますよ。国土交通省もそうです。全国で一〇〇〇以上持っているダムのうち、六〇か所ほどのダムで水力発電に有効利用するための嵩上げをやっています。そろそろ、特ダム法は時代に合わないという認識が広がっているわけで、中央官庁もわかってきているんですね」

どうやら、行政側の状況も法律改正の必要性を感じつつあるようだ。

水力エネルギーの有効利用のために、国も民間も河川利用のルールを変更すべき時期に来ているのではないか。

嵩上げや運用変更には反対の声が起きやすい

竹村の水力増強法の一つに、既存ダムの嵩上げという手法がある（84ページ参照）。福島県には、東京電力や東北電力、電源開発といった大手電気事業者の所有している電力ダムがいくつもあり、ほかに発電所のある大規模な多目的ダムもあるが、そうしたダムを嵩上げして発電力を増やすことが考えられる。

大きなダムを利用するケースは福島県で言うと、例えば、阿賀野川《あがのがわ》やその支流である只見川《ただみがわ》の場合がそうだという。

佐藤代表は言う。

「例えば、阿賀野川の大川《おおかわ》ダムは多目的ダムなんですが、既に二万kWの発電を行っています。ダム湖の水をもっと有効利用できるように運用変更すれば発電量を増強できますし、ダムの堤体の嵩上げをすることでも発電量を増やせます。

この前も、竹村先生と、あるダムを見に行ったんですよ。最初、先生は、この場所にはもう発電量を伸ばす余地はないと考えておられたようなんですが、嵩上げすれば増えるかもしれないという話になった。それで、現地に見に行ったんですね。すると、現地のほうでは『嵩上げはダメだ』と言う。理由を聞くと、過去の水害の話が出てきたんです。

過去の洪水で鉄道まで流されたことがあった。運用変更や嵩上げをすると、発電のために放流する水が増える。川の水が増えると、昔と同じように洪水が起こると、そう言って反対するんですね」

ダムを嵩上げすると、ダム湖に貯められる水の容量が増えるし、水位がより高くなるので、貯まった水が持っている位置エネルギーの総量がグッと増える。そのため、発電量が増すというのが竹村理論だ。

しかし、多くの水を発電に使うほど、より多くの水を川に戻さなくてはならなくなって、川の水位が高くなる。

「同様に、多目的ダムの運用変更でも、電力で利用する水の量を増やすと、川の下流にも影響が出ます。常時、ダム湖の水位を上げると電力利用に有利ですが、台風などが近づくと、それに備えて一気にダム湖の水を流す必要があり、そうなると下流に一度に大量の水が流れてきて洪水の危険があると心配するんですね」

こうしたことがあるために、運用変更や嵩上げをすると川の水があふれて水害になる危険があると地元の人は言うわけだ（これについての対策は157ページ参照）。

そのため、嵩上げや大規模な多目的ダムの運用変更には地元の反対の声が起こりやすく、大規模ダムの発電力増強計画が進まない理由の一つとなっているのである。

大規模ダムの増強を阻む資金不足

もう一つ、大規模ダムの発電力を増強する計画の進まない理由があると、佐藤代表は言う。

「例えばね、電源開発が持っている只見川の田子倉《たごくら》ダムを一〇％だけ嵩上げするとします。このダムは大規模なので、この工事に総額で三〇〇〇億円くらいかかると試算されるんですね。かなりの巨額です。

けれど、増加する電力量も大きいんです。田子倉ダムを嵩上げすると、下流にある一三か所のダム全てについても電力量の増加を見込めるんですが、その全てを合計すると、年間に増加する電力量は八・三億～九・六億kWhになると試算されています。

内輪に見積もって年間に七億kWhの増加だとしましょう。この場合、電気料金を一kWh当たり一〇円で計算すると七〇億円分、もし二〇円で計算すれば一四〇億円も増えることになります。

つまり、二〇年間で二八〇〇億円の電力が増えるわけですから、三〇〇〇億円の工事費がほとんど賄えるんですよ。約二〇年で元が取れた後は、毎年、ほとんどタダ同然で、七億kWhの電力が手に入るわけです」

さらに、嵩上げや運用変更のほかにも「水力発電は増やせる」という話を、佐藤代表は、竹村とは別の方面からも耳にする。

「発電設備の専門メーカーの人間に聞いたことがあるんですよ。日本の水力発電所の発電設備の多くは古くなっている。これを新しいものに取り換えるだけで、発電量が最低でも三%増える。古くて大きな設備なら、新しいのに取り換えれば二〇%くらいは増やせるはずだと、そう言うんですね」

阿賀野川および只見川には一七か所の水力発電所があるが、その設備はかなり古くなっている。なかには、田子倉発電所のように、更新されてから一〇年ほどしか経っていない設備もあるが、ほとんどが半世紀以上経っており、老朽化している。

古い設備ほど発電の効率は悪くなっているから、リニューアルによる増強の効果は大きくなるわけだ。既に熊本県などで実践事例もある。

県内に既にある水力発電所の最大出力の合計が約四〇〇〇万kWだが、試算によると発電設備のリニューアルによる増加率の平均が八%なので、約三二万kWの増加となる。この増加電力量は単純に計算すると一年当たり約二五億kWhになる（先ほどの一kWh当たり二〇円で計算すると五〇〇億円分）。

つまり、既存の電力ダムの嵩上げはもちろん、単に発電設備をリニューアルするだけで十分な事業性が見込めるわけだ。

ところが、今の電力会社にはそれができないと佐藤代表は言う。

「大手電力会社に資金がないからですよ。東日本大震災で福島第一原発で起こった事故の処理の影響がどの電力会社にも出ていて、資金に余裕がないようなんですね。

だったら、民間の資金で何とかできないかと、私らは考えた。福島水力発電促進会議で、民間の金融機関に打診してみたところ、大手のメガバンクをはじめ、どこも乗り気なんですよ」

福島県内の電力ダムの嵩上げで試算してみると、返済期間を二〇年で考えた場合、半数以上のダムで事業性があることがわかった。さらに返済期間を三〇年に延ばせば、全てのプロジェクトが可能となる。

「今は、銀行にも資金が余っている時期だし、水力発電のような確実な事業は融資先として魅力的なんでしょうね。

先ほど出た古い発電設備を新しくする話も、大手電力会社に資金がないのなら、福島水力発電促進会議が計画して、民間銀行の融資を受けて進めてもいいんです。

嵩上げにしても、発電設備のリニューアルにしても、増加した電力で得られる利益のうち半分を大手電力会社、残りの半分をこちらの取り分にすればいいと思うんですよ。こちらの取り分は、ダムのある流域の地域社会に渡すわけです。

そうすれば、電力会社は損をしないどころか得なんだし、福島の地域も潤《うるお》うことになる。皆が喜べるわけですよ」

ところが、現実にはこのプロジェクトはまだ実現していない。大手電力会社が、なかなか乗ってこないからだ。

しかし、大手電力会社は、水力発電を増やすことに反対なわけではないようだ。

「私が付き合いのある電力会社の人たちと内々に話をしてみた感触では、電力会社のほうでも、今までの自分たちの水力発電の権利が保証されるのなら、増加分の半分を地元に還

Dタイプ　Bタイプ+ピーク調整池設置

- 新たに下流にピーク調整池《ち》（逆調整池）を新設
- 流量の調整によりピークに合わせて発電量を調整可能

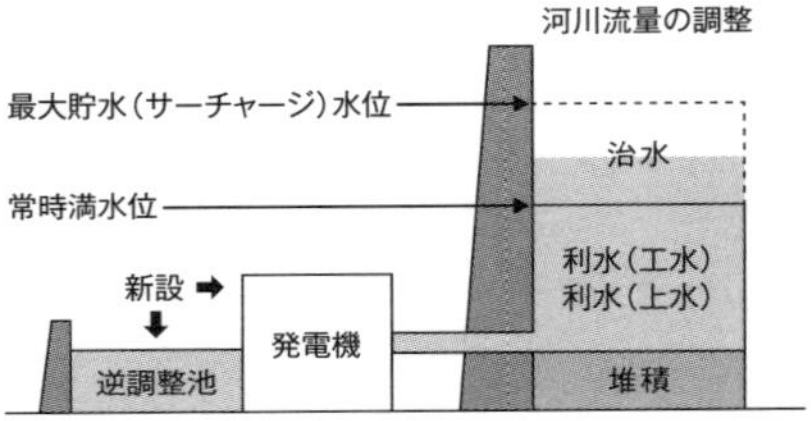

Eタイプ　Bタイプ+シリーズ発電

- 既設ダム及び発電に新たな複数の発電設備を建設、一体的に運用し、効率性を高める

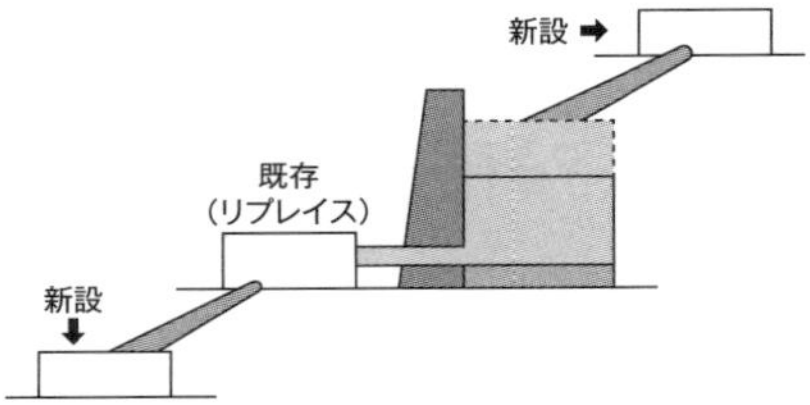

Fタイプ　Bタイプ×α（流域発電）

- 1つの河川流域の複数の発電設備を、総合的に運用し、発電の効率性や洪水調整機能を高める

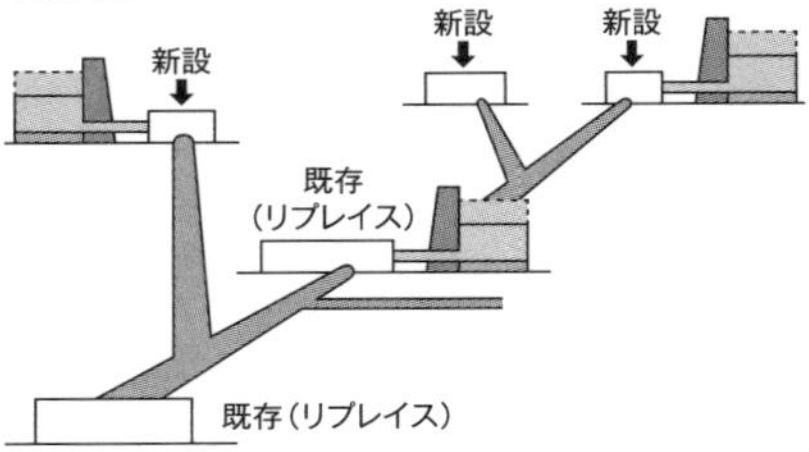

※常時満水位：平常時（非洪水時）にダムによって貯留した流水の最高水位（平常時最高貯水位）
サーチャージ水位：洪水時にダムによって一時的に貯留することとした流水の最高水位（洪水時最高水位）

〈福島水力発電促進会議が検討する発電事業化メニューのイメージ〉

既設ダムごとに最適な組み合わせを検討。なお、Bタイプ～Fタイプの実現に当たっては河川法改正等が必要と認識している。

Aタイプ　従属運転

- 既設ダムに発電設備を新設・リプレイス
- 県内では四《し》時《とき》ダムで従来のESCO事業での実績あり

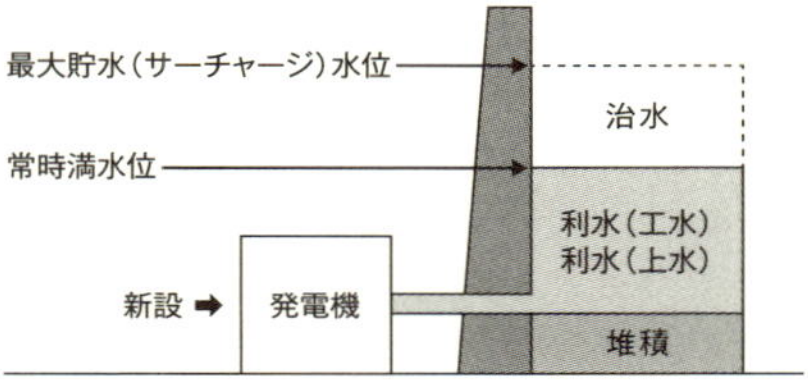

Bタイプ　Aタイプ＋容量配分／用途変更

- 現代の先進的降雨予測技術等を活用
- 洪水調整機能を損なわずに貯水量を上げ、最大限活用

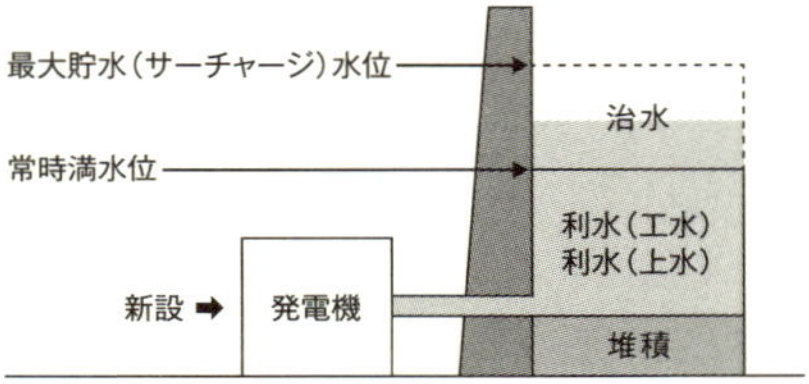

Cタイプ　Bタイプ＋既存ダム嵩上げ

- 既設ダムの堤体を嵩上げ
- 物理的に貯水量を上げ、最大限活用

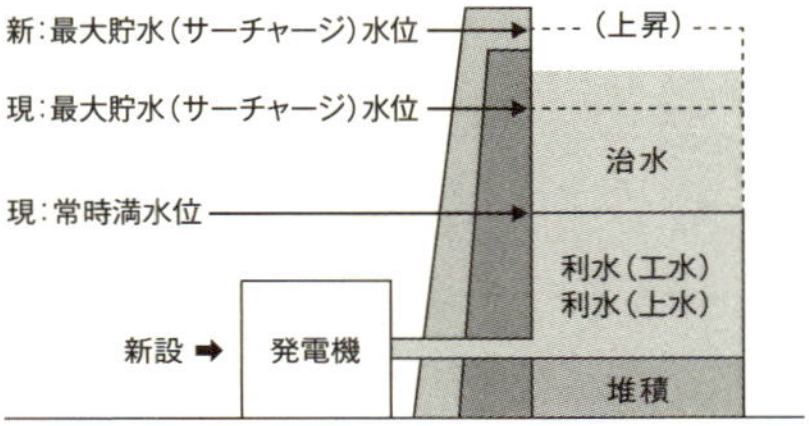

元することは前向きに考えてもいいという意見が強いようです。

私たちは何も、現在の水力発電の電力とその利益をどうこう言う気はありません。もっと増やせば、今後の日本のためになると言っているだけです。そのうえで、増えた分の電力による利益を、ダムを所有している電力会社と地元で折半したらどうか、それならば、私たちも資金面を含めて、協力できますよと言っているんですね。

これからの日本のエネルギー事情を良くするためには、水力発電の電力量を三倍にするという竹村先生の理論はとても重要だと私は思っています。

そのためには、国も地方自治体も、民間の金融機関も、電力会社も、そして私たちのような民間の組織も、皆が力を合わせる必要があります」

この意見に日本中の人々が耳を傾け、水力発電の潜在力と、それを開発する意義を日本国民が共有するようになれば、水力発電の大幅な増強は実現性を増していくはずだ。

複雑な規制が邪魔をして事業が前に進まない

福島県の中通《なかどお》り地区、福島市と郡山《こおりやま》市の中間あたりに大玉村という場所がある。この村を流れている杉田川《すぎたがわ》は安達太良山の東斜面を流れているのだが、この川の砂防ダムを使って水力発電ができないかという計画が持ち上がった。

発案者は大玉村の人々だが発電事業の経験がないために、再生可能エネルギーの開発を行っている信夫山《しのぶやま》福島電力（48ページ参照）に相談することになったのである。ちょうど、信夫山福島電力では、太陽光発電と風力発電に加えて水力発電に取り組もうとしていたタイミングだった。早速、現地を調査し、関係行政機関にヒアリングを行い、事業計画の工程表を作成した。その工程には、資金調達計画の一部として、福島県からの補助金を受けることが含まれていたのだが、平成二九年（二〇一七年）六月に補助金対象事業の候補となった。

ところが、予想外の展開が起こる。事前に行った関係各機関へのヒアリングの段階では環境省や林野庁の許可が下りるだろうということだったのだが、具体的に事業を進めようとすると、「そのままでは許可できない」ということが何度も起こったのである。環境省や林野庁でヒアリングのときとは違う対応となったのは、人事異動によって担当者が変わってしまったことも一因だったようだ。

ともあれ、平成二九年度（二〇一七年度）中に事業を始めることが不可能となったため、福島県の補助金は辞退せざるを得なくなった。

それでも大玉村では水力発電事業をあきらめなかった。再び、新しく工程を立て直し、平成三〇年度（二〇一八年度）の補助金を受ければ事業化できそうだという見込みまでこぎつけた。

ところが、またしても、別の問題が起こる。自然公園法という法律で規制されている減水区間（156ページ参照）での水量確保について意見が付けられ、申請を受け付けてもらえなかったのだ。

さらに、問題は続く。当初は通りそうだった森林法関連の申請が通らなくなった。この申請を通すには、自然公園法の規制をクリアした認定が前提になっていたからである。

水力発電事業の場合、このほかにも規制は多い。例えば、再生可能エネルギーの開発ではＦＩＴを使うのだが、森林関連の申請ではＦＩＴの認定もまた前提になっているし、経済産業省から発電事業に不可欠な発電機に関する設備認定も必要だ。

さらに、設備認定には、その発電所の送電系統を持っている東北電力や東京電力など大手電力会社に申請して、系統連系を認めてもらう必要がある。

このように水力発電事業では、極めて多くの規制をクリアする必要があるうえ、それらの規制を主管している官庁がばらばらであるために、事務手続きを終わらせるために非常に長い時間を必要とするのが現実なのである。

中小水力発電の開発に重くのしかかる系統連系の費用負担

もう一つ、大玉村の計画を困難にしたのが系統連系の費用だった。資金面に関して、バックアロケーションと並んで、系統連系の費用負担が事業化を阻んでいるという現実がある。その理由は、中小水力発電の場合、事業化で見込まれている利益がさほど大きくないからだ。

系統連系とは、送電線の整備を意味している。中小水力発電を新規に行うとき、送電線がまだ整備されていないケースが多くなる。中小水力発電の適地は山間地にある。山間地には人家があまりないうえ、面積が非常に広い。すると、どうしても既存の送電網からかなり遠く離れた場所ばかりになる。そんな場所に新しく発電所を造ったとしても、送電線がないために、住宅や工場などの消費地まで電力を送ることができない。そこで、新しく送電線や変電所などを造る必要が生じる。

通常、発電所を建設する場合に送電に関して負う責任にはルールが決められていて、発電者側の分担と大手電力会社など電気事業者側の分担とがあり、それぞれの分担領域では自分で送電設備を用意するということになっている。

ところが、現在のルールでは、送電網の空白となっている山間地における発電者側の分担領域が広くなり、費用の負担が非常に重いのである。

山間地の発電所から既にある送電網までの距離が長くなるため、設備費が大きくなる。ところが、中小水力発電で得られる電力はあまり多くなく、見込まれる売電収入も小さい。その小さい収入から系統連系の費用負担を行ってしまうと、事業化が不可能になることさえあるのだ。

大玉村の計画では、東北電力から系統連系のための提案がいくつかなされたが、どれも億単位の金額を要するものだったため、事業化そのものを脅《おびや》かしたのだった。

系統問題で再エネ全体が伸び悩む

再生可能エネルギーが一時のブームから伸び悩んでいるが、その原因の一つが系統連系の問題だ。

簡単に言ってしまうと、要するに送電線の能力が限界になって、これ以上は再生可能エネルギーを受け入れられなくなっているということである。

ＦＩＴで再エネの開発が伸びていたが、九州電力管内でこれ以上のＦＩＴによる再エネ電力の買い取りを拒否することになった。理由は送電能力が限界に達したことだった。

送電線には様々な種類の電源がつながっており、その全てが最大量の発電を行った場合でも問題が起きないようにしなければならない。もし、送電線を流れる電流が、運用の許容量を超えてしまうと停電になる危険がある。

そのため、送電線を流れる電流がピークになっても許容量を超えないようにする必要があるのだが、近年の再エネ開発ブームで、系統連系の空き容量がなくなってしまう事態が生じている。

特に、九州電力管内や北東北では系統連系の空き容量が足りなくなっており、再エネ事業者が大手電力会社に申し込んでも断られるケースが増えてきた。

再エネ先進県を目指す福島県でも、系統連系は問題になっている。

しかし、発電量をコントロールできない太陽光発電や風力発電とは違い、水力発電は需要に応じて発電量をコントロールできる特性がある。電力の安定供給に欠かせない電源であるため、国のエネルギー政策においても、水力発電はベースロード電源であると位置づけられている。

この重要性を考慮して、水力発電の開発では、系統連系について何らかの優遇措置が図られても良いのではないだろうか。

浮かんできた三つの問題点

福島水力発電促進会議で計画した三つの事業で何が起こったのか述べてきた。それらの実践で浮かび上がってきた問題点をまとめてみよう。

①水力発電を促進させるルールがない

②事業の公益性が認められていない

③水力発電の潜在力が理解されていない

①であるが、まず、これによりバックアロケーションの問題が生じる。

②によって、系統連系の費用が事業者に課せられ、事業の採算性を悪くしている。

そして、①と②が起こる根本にあるのが③であり、これによって水力発電を促進するための事業資金が調達しにくくなる。

福島水力発電促進会議による竹村理論の実践から、こうした問題点が具体的に浮かんできたのである。

第4章

竹村理論を実現するための解決策

三つの問題点を解決する四つの提案と一つの構想

水力発電を促進する法律が欠けていること。
水力発電増強の公益性が認められていないこと。
水力発電の潜在力を認識していないこと。
――この三つの問題点があると前章で指摘した。
これを解決するために、福島水力発電促進会議は、以下の四つの提案をしている。
①河川法の改正と関連法の整備
②日本のエネルギーミックスにおける水力発電の地位向上
③官民一体となった開発促進と水源地域還元方式
④開発速度を上げる窓口の一本化
この章では、この四つについて説明する。
そして、最後にこの四つを総合的に評価するための構想である、
⑤福島再エネ特区
について述べていく。

バックアロケーション圧縮の実例「うきは市藤波ダム」

中小水力発電の新たな事業でダムを使う際に、バックアロケーションを圧縮した実例がある。

例えば、福岡県うきは市にある藤波《ふじなみ》ダム（91ページ写真参照）のケースだ。福岡県知事の主導で多目的ダムの有効活用を模索し、うきは市の藤波ダムが候補に挙がった。ところが、ダム建設当時の覚書だと、かなり大きな額のバックアロケーションが発生することになっていた。

しかし、事業運営者であるうきは市と九州電力、そこへ県が加わって協議した結果、バックアロケーションがかなり圧縮できたのである。

圧縮が可能となったのは、ダム建設時と現在との経済状況の違いを、適正に考慮した結果だった。このように、バックアロケーションが圧縮された実例がある以上、多目的ダムに新規に水力発電所を造る際のバックアロケーションは、話し合いで金額を見直す余地があるわけだ。

ただし、うきは市のケースでバックアロケーションが圧縮できた一因は、うきは市自身が事業者だったため、公益性が認められやすい状況にあったことである。

ところが、福島水力発電促進会議が計画した木戸《きど》ダムのケースでは、運営として地元自治体と、ふくしま未来研究会および信夫山《しのぶやま》福島電力という民間企業との合同会社を想定している。地元自治体には、電力事業を運営する経験もノウハウも不足しているため、民間企業と合同して事業を興《おこ》そうとしたわけである。

もちろん、ふくしま未来研究会と信夫山福島電力という民間企業を加えていても、水力発電事業の公益性がなくなるわけではなく、あくまでも民間企業は技術的なサポートである。

だから、こうした場合でも、うきは市と同じように公益性を考慮し、バックアロケーションの圧縮を認められやすくすべきではないだろうか。

そのように行政側に主張したが、現在の法律の下では、木戸ダムで放流されている水を使った発電をするとあくまでも事業者発電ということになり、自治体自らが行う管理用発電とは見なされず、巨額のバックアロケーションが生じるという。

そのため、木戸ダムの計画では、無駄に放流されている水を発電に活かすことはできなかった。

やはり、バックアロケーションの壁を超えるには、法律の改正が必要なようだ。

河川法改正の必要性

現在、水力発電の増強は、各省庁が別々に取り組んでいる状況で、その目的は少しずつ違う。

例えば、農業ダムの場合、水力発電で農林水産省の目的としているのは、あくまでも農家の負担を減らすことだ。農業の担い手が高齢化しており、しかも後継者が不足しているため、農業用水路などの維持管理のための費用が重くのしかかっているのが現状だからだ。同様に、国土交通省には国交省の、環境省には環境省の独自の方針があって、水力発電の増強への態度を決めている。

「でも、農水省がやっている水力発電事業だって、将来の日本のためを考えているんですし、ほかの省庁だって同じです。どれも、日本の五〇年後、一〇〇年後のために自前のエネルギーを作ろうということでは一致しているんですよ。

結局、皆が同じことを考えて、水力発電の増強をやろうとしているわけです」

このように佐藤代表は考えているが、中央省庁ごとに違ったスタンスで水力増強に向かっていたのでは調整に時間がかかるし、別々の方法を用いているから効率が悪くて、なかなか物事が早くは進まない。
「それは河川法が変わらないからですよ。竹村先生がずっと訴えてきた理念です」
佐藤代表はそう言う。
竹村によると、水力増強には河川法の改正が欠かせないという。
河川法というのは、日本の川に関する憲法のようなものだが、その条文の中に書かれている内容は、
治水、
利水、
環境保全
の三つだ。
ここに新しく「**水力エネルギーの最大活用**」を加えるべきだというのが、竹村の考える河川法の改正案だ。
もし、この改正が実現すれば、水力発電を増強することは、国交省をはじめとする全ての中央官庁の仕事の一つということになり、竹村の主張するように日本の水力発電は三倍に伸びることも不可能ではないのである。
そこで、福島水力発電促進会議は、河川法の改正を、国や県の政官界へと求めている。

甚野源次郎《じんのげんじろう》代表は言う。

「改正のためには、議員立法が必要でしょう。与党では自民党の二階俊博《にかいとしひろ》幹事長が賛同してくださっているし、公明党の太田昭宏《おおたあきひろ》先生も積極的に考えてくださっています。野党の皆さんも理解を示していると伺っています。議員立法は可能性があると思いますよ。

河川法を改正して、『水力エネルギーの最大活用』という目的を明記する。これによって、中央官庁をはじめ役所が、民間と同レベルで水力発電を増強する方向へと動くことができます。竹村先生の言葉で言えば、『役人が〝許認可関係〟から〝プレーヤー〟になる』わけです」

河川法が変われば関連する法律も変わっていく。水力発電を促進するときに障害になっている特ダム法も変わるだろうし、あるいは、水力エネルギーの最大活用のための新しい法律の制定もあるかもしれない。

「各省庁が別々の目的で所有しているダムを包括的に水力発電に利用できるように、横断的に適用される法律があると、事業を進めやすくなると思うんです。例えば『水力発電整備促進法』とか。

このほかにも、水力発電のために、河川法の下位の法律を整備していくことになるでしょう。各省庁や専門家が全力を挙げれば五年ほどで作れるのではないかと竹村先生がおっしゃっています。

とにかく重要なのは、河川法を改正することです。河川法の目的は過去に二回、変わっています。三回目の改正が必要なんです。

それには、国民的な盛り上がりが必要で、世論の声が高まらないと政治家も官庁も動くに動けない」

さらに、現在の河川法を改正して、「河川のエネルギー利用」を国の目的に加えることが実現したら、水力発電を増強するために法体系を整備していく必要があるだろう。

そうした法体系があれば、特ダム法の特例として、公益性のある水力発電事業の場合にはバックアロケーションの減免が可能となる。そして、バックアロケーションの壁がなくなれば、現在は採算が取れないような中小水力発電の計画も事業として成り立つ可能性が大きく高まるはずだ。

このように、河川法を改正し、特ダム法を改正し、水力発電整備促進法を新たに制定することで、日本の未開発の水力エネルギーが無駄にならずに済むのである。

河川法を変えるために

「河川法を変えれば、国が積極的に川の水のエネルギー利用を促進することになる」

竹村はそう主張する。

その意見に応えるように、福島水力発電促進会議では、福島県議会に請願書を提出して可決されたことは後の項で詳しく述べるが、その請願書にはこんな文がある。

「各行政機関の支援を得た民間業者による既存ダム等における水力発電設備の新設および運用を可能とすること」

この中で、「各行政機関の支援を得た民間業者による」という言葉が重要だと佐藤代表は言う。

「竹村先生の理論を実践しようとすると、どうしても行政機関の支援は必要になると私らは思っているんですよ。どんな意見や法案を提出したって、行政が積極的になってくれないと、なかなか進みません。

川というのは公共物ですから、国や県が管理しています。その川の水で発電するのが水力発電なんですから、管理している国や県が動いてくれないと、物事が前に進まないのは当然なんです」

だから、水力発電の増強のためには、最終的には河川法の改正が必要ということになる。

「現在の河川法にある治水、利水、環境保全という三つの目的に、新しく川の水のエネルギー利用という目的を加えるという改正が必要というのが竹村先生の考え方で、私らもそれに賛同しているんです」

河川法という川に関する憲法のような重要な法律に、エネルギー利用が明記されれば、国の役人たちにとって日本の川の水力発電を開発することは義務ということになり、彼らの仕事ということになるわけだ。

「法律がないと中央官庁が動いてくれない。だから、早く河川法の改正をお願いしているんです。日本のために必要なことだから、早くしてくださいとね。

本当に大事な法案の場合、過去にもスピード成立させた例があるんですよ。

ほら、ちょっと前に、外国の人が日本の山奥の森林を買い占めようとしたことがあったでしょう。山奥の森林というのは、日本の水源地なんですね。山奥の森林を外国の人が所有するということは、日本の水を外国に握られるということです。

これは大変だ、何とかしなければ。ということで、議員立法で法案を提出して、一年半ほどで成立したことがありました。

私らが河川法の改正をお願いしているのも同じです。早くしたほうが日本のためですよと、国会議員の先生方に言っているんですが、なかなか前に進まない。

その理由を、ある国会議員の先生はこうおっしゃった。

『そうは言ってもなあ。水力増強事業の資金は誰が出すんだ』

そこで私たちが考え出したのが、水源地域還元方式というやり方なんです」

地元自治体と民間資金で水力発電をする水源地域還元方式

今までは、ダムの所有者に、発電のために水を使う権利を認めていた。逆に言えば、発電のために水を使うことができるのはダムの所有者だけというのが原則だった。

もし、ダムの所有者である大手電力会社や県、国に資金がなければ、新しい設備を用意して発電量を増加させる事業はできない。今は、国も県も財政難だし、電力会社にも資金の余裕はない。

「福島第一原発の事故が起きたので、その処理費用を、原発の所有者であり事故の当事者である東京電力だけでなく、北海道電力、東北電力、北陸電力、中部電力、関西電力、中国電力、四国電力、九州電力という全国の九電力が皆で負担しているんですよ。

それに加えて、事故以前には動かしていた原発が止まっている分、火力発電を動かさなければいけないので、燃料費もかさんでいます。それで、どこの電力会社にも資金の余裕はないというわけです」

と話すのは佐藤代表だ。

「だったらね、水力発電の増強事業を地元がやればいいと、私らは考えたんですよ。地元の自治体が事業主体になり、民間の専門組織と合同会社を作って運営するんです。事業資金は民間の銀行から借ります。水力発電の増強は技術的にも確立していますし、ＦＩＴ（固定価格買い取り制度）があるので収益もきちんと読めます。ですから、この話をすると、どの銀行も乗り気なんですね。

もちろん、地元自治体が事業をするからには、利益の一部が地元に落ちなければ意味がない。それで、私らは色々と議論を重ねたんです。

どうやって、ダムの権利を持っていない地元にカネを落とすのか。

ＦＩＴによって入る収入を、まず借り入れの返済に充て、その残りを事業主体である地元自治体とダム所有者で折半する。返済が終了すれば、利益の全部を地元とダム所有者の話し合いで分ける。

こういうやり方ができないかということになった。これが水源地域還元方式なんですよ」

水源地域還元方式とは

水源地域還元方式について具体的に説明する。

水源地域還元方式とは、水源地の地元自治体と民間業者との合同会社がダムの管理者と協定を結んで水力発電事業を行い、発生した電力をＦＩＴにより売電して利益を上げ、その利益の一部を、水源地の自治体に還元しようというやり方のことである（詳しくは福島水力発電促進会議のホームページ参照）。

ダムなどが設置されている水源地域の自治体に対して、事業利益の一部を納付金として支払い、水源地の森林、環境、観光施設などの整備や雇用創設事業などに活用してもらおうというものである。

事業資金については、ダムなどの施設管理者である国や県、電力会社からの初期投資によるのではなく、事業主体となる水力発電事業会社が自ら調達する。

事業契約の期間は二〇年を予定しており、それが終了すると、事業によって設けられた発電設備などはダムなどの施設管理者に譲渡され、その後の売電収入などは施設管理者と地元自治体が享受できる。

水源地域還元方式には、今までの発電事業と比較し、次のような利点がある。
○ダム本来の発電能力を最大限活かすことで売電収入が最大化され、より大きな財政効果が得られる。
○水源地域に納付金を収めることで市町村の過疎対策になる。
○より大規模な発電施設の設置や運営が可能となるので、地元企業の雇用がより拡大できる。
福島水力発電促進会議では、水源地域還元方式を内々に、各方面に打診してみた。すると、ダムの所有権を持っている関係者からも、民間の金融機関からも極めて良い反応があった。

「ただし、これが上手くいくのは、採算性が高い事業の場合だけです。私らが考えているのは、採算が悪い場所でも、水力発電の増強の可能性のある所はできるだけ開発しようということです。

そこで、水力発電の増強の基金を作ろうということになりました。採算の良い事業からは、事業主体である地元自治体とダム所有者の双方に利益の一部を還元し残りを基金という形で提供します。その基金を使えば、金融機関からの借り入れがありませんから、採算性の低い事業も可能になるわけです」

佐藤代表はこのように語り、水源地域還元方式を利用して、単独では事業性がない地点での水力発電開発も行えるとしている。

さらに、佐藤代表は、このやり方の応用についても話す。

「このやり方は、古い発電設備を新しくする場合にも有効だと思うんです。大手電力会社に資金の余裕がないのなら、地元自治体と民間の専門組織の合同会社が、民間の金融機関から資金を調達して、設備を新しくすればいい。

設備を新しくして増えた分の利益は大手電力会社と合同会社とで折半し、合同会社の取り分については水源地域還元方式を適用します。

これならば、大手電力会社と地元自治体の双方にメリットがあると、提案しているところです」

このように、水源地域還元方式を日本全国で使えるようになれば、日本の水力発電の増強は一気に進む。

水力発電が増えれば、エネルギーミックスの中の再エネの割合をもっと高くすることができる。そうなれば、日本全体のエネルギー構造さえ変わるかもしれない。

まさに、水力革命である。

中小水力発電は地元で消費

増えた水力発電で出た利益は、水源地域の市町村に落ちるようにするというのが、水源地域還元方式の原則だが、その利益は必ずしも売電による現金収入である必要はない。

「福島県内で、私たちが具体的に検討している小水力発電がやれそうな場所が一〇か所以上あるのですが、どれも系統連系の問題でダメになるんです」

福島水力発電促進会議の佐藤憲夫《さとうのりお》事務局長は、こう言う。

小水力発電所を新たに造ろうという候補地の多くは山間の渓谷にある。そうした場所には、既存の送電設備がない。最も近くの送電線まで新たに設備を造ろうとすると数億円単位の資金が必要になることもあるが、小水力だとそもそもの利益の規模が小さくて、そんな巨額の初期投資は無理ということになる。

「小水力の場合は系統を別にすべきだと思う。東京に送ろうなんて考えずに、地元で電力を使えばいいと思うんですよね。そうすれば、送電設備にかかる資金も少なくて済むし、地元の町村では安い電力を使えるようになるから」

と、佐藤代表は言う。

「小さいダムを使ったり、渓流や農業用水なんかを使ったりする中小の水力発電と、電力ダムを嵩上《かさあ》げしたり大きな多目的ダムに新しい発電設備をつけたり能力を増強したりする場合とは分けるべきだと思うんです。

中小の場合は、増えた電力は地元でそのまま使う。

大きなダムの場合は増える電力も大きくなるし、元々、送電線が用意されていることも多いから、東京へ送るのも難しくない。こっちの電力は売電して、その利益をダムの所有者と地元で分ければいいんですよ」

中小水力の電気を地元で消費することになれば、系統連系の費用も小さくなり、事業化が容易になるわけだ。

水利権の保証

水源地域還元方式で水力発電の増強を進めようとするとき、もう一つ、現実的に障害となるのが水利権の問題である。

公共の物である川の水を使う権利を水利権という。水利権を認められるのは、公益性のある目的である場合や、歴史的な経緯があり慣行的に認められてきた場合である。

例えば、水道水として川の水を使う場合、公益性があるために水利権が認められる。また、水道水としての川の水を安定的に得るためにダムを造ったというとき、水道水として使用する自治体が、ダム建設の費用を負担することがある。そのとき、費用負担の対価という形で水利権が認められる。

さて、水力発電をする場合、やはり川の水を使うので水利権が必要となる。もちろん、歴史的に発電をしてきたという事実はないから、公益性があるという理由で水利権を認めてもらう必要がある。

もちろん、水源地域還元方式で水力発電事業を行う場合には、公益性があるから、水利権が認められる理由はある。

問題なのは、水利権が何年認められるのかということだ。通常、水利権は一〇年認められ、その後、河川状況を勘案して更新される。

ところが、水利権が一〇年と限られてしまうと、事業資金を融資で調達しようと考えている場合は困ったことになる。

水力発電事業の場合、初期費用が巨額になるため、その償還には二〇年以上かかるのが普通だ。ところが、水利権が一〇年しか認められないと、それ以降の事業継続の保証がない。そのため、金融機関では融資をためらってしまうのである。

行政が長期保証を与えるべき

そこで、一〇年を超える部分についても、都道府県や国が水利権を認めるというルールに改正してほしいわけだ。

こう述べると虫のいい話のように聞こえるかもしれないが、よく考えれば、別に無理なお願いをしているわけではないことがわかる。これまで何度もご説明してきたように、水力発電の場合、川の水を使うと言っても、水を取りっぱなしにするわけではなく、そっくりそのまま川に戻すだけだ。水が汚れるわけではないし、減るわけでもない。

これが水道水だと、家庭用に使った後の水は汚れてしまう。工業用水でも使った後には化学物質が溶けだしたりすることがあるし、使った後は水を川に戻せない場合もある。つまり、こうした川の水の使い方だと、川へと元通りに戻るというわけにはいかないということだ。

これに対して、水力発電では、川の水は全く変質することも量が減ることもなく、完全に元通りで川へと返される。

ほかの利用者にあまり迷惑をかけないのだから、水利権についても、ほかの利用法とは違う扱いにしてほしいということなのだ。

しかも、ダム式の発電ならば、川の水量が少なくなる減水区間はない。減水区間とは、川の上流で水を別のところへ流し、川の下流で戻したとき、川の中間で水の量が少なくなる部分のことを指す。減水区間があると、そこからほかの用途で使える水が減ってしまう。例えば、農業用水を取水しようとしても、十分な量の水を引けないなどということも起こる。

だが、ダム式の発電では、ダムの水を発電に利用して、ダムの後ろに流すだけだから、減水区間はなく、誰も困る者はいない。

このように水力発電は、川の水のエネルギーだけを使うものであり、ほかの目的の邪魔をすることがない。

しかも、川の水が持っている潜在的なエネルギーを、人間社会が使える電力エネルギーへと変換するのだから、公益性の高い目的でもある。こうした事情を考慮して、水利権について、もっと長い期間を保証してほしい。

なお、現行でも、公益性が保たれている場合は、水利権の更新が認められている。ならば、公益性の高い水力発電には、予め《あらかじ》長期の水利権を保証しても良いのではないだろうか。

水力発電の使い勝手を良くする逆調整池ダム

大規模ダムを嵩上げしたり、運用変更したりすれば、発電能力を大きく増強できることはわかっている。ところが、地元からは、洪水のリスクが上がるとしてあまり協力を得られないという現実がある。

「だけど、実際は心配いらないんですよ。嵩上げしたら、そのすぐ下流に小さなダムを造ればいいんです。治水のために逆調整池《ち》ダムを造れば、現在よりも川は安全になるし、ダムの規模は小さいから、それによる環境破壊も少ない。もちろん、人家を水没させる必要なんかない。

安全だし、大きな環境破壊もないことを、時間をかけて説明すれば地元の人にもわかってもらえる問題だと思うんですよ」

佐藤代表はこう言う。

そこで、逆調整池ダムについて解説してみる（128、159ページ参照）。

水力発電には、発電量の調整が容易という利点があり、水力以外の発電の弱点をカバーしてきた。

例えば、太陽光や風力の場合、発電量は日射や風次第であり、人間側の都合で決めることができない。

太陽が照っている時間は、電力需要が小さくとも大きく発電するしかない。逆に、どれほど電力が欲しい時間でも、太陽が陰っていれば大きく発電することはできない。つまり、電力が欲しいときには足りず、欲しくないときに余るという事態が起こるわけだ。

風力も同じことで、人間側の電力需要とは無関係に、風が強ければ発電量が増えるし弱ければ減る。

また、原子力にも、発電量を細かく調整できないという弱点がある。原子炉はいったん臨界に達したら連続運転するしかない。たとえ夜間の電力需要が少ないとわかっていても、夜だけ発電量を減らすということはできない。

こうした需要の波を、水力発電の調整力で解決する方法がある。

既存の水力発電ダムがあるとする。その下流に小さなダムを造っておき、電力需要のピークで、上流の水力発電ダムから大きく放水してピークの需要に応えるのである。

このやり方で必要となるのが、逆調整池ダムだ。

欲しいときに欲しいだけの電力を生み出せる、水力ならではのやり方だが、このとき下流に設けた小さなダムのことを逆調整池ダムと呼ぶ。

〈逆調整池ダムのイメージ図〉

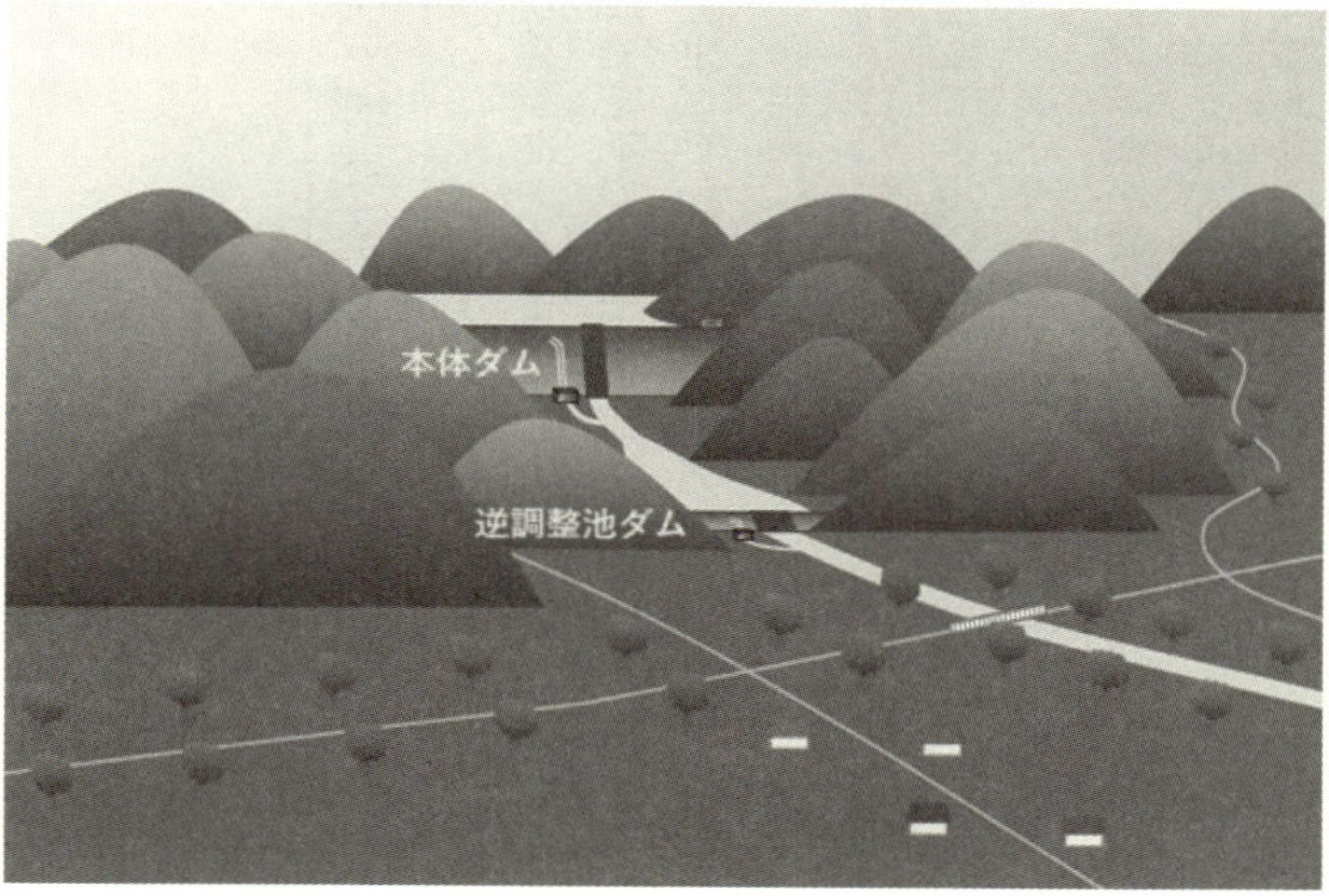

なぜ、逆調整池ダムが必要なのかというと、これがないと、川の水がいきなり増えてしまうからだ。

電力ピークに大きく放水するだけで、下流に貯めておかなかったら、川の水が無駄に流れる結果になるし、下流域の安全が確保できなくなる。

ちなみに、逆調整池ダムを新たに建設しても、環境破壊となることはほとんどない。こうしたダムは人家も森もない小さな谷に造られるし、ダムの高さが一五mほどと小さい。逆調整池によって人家も森も水没しないわけだ。

また、水没による補償が必要ないうえに、規模が小さくて工事費も少ないので、コストも極めて安く済むという長所もある。

このように、逆調整池ダムは自然に負荷をかけないしコストが安いだけではない。治水ダムとして機能することもできるのだ。

水力増強は政官民の協力が必要

逆調整池ダムを造ることで河川の安全を確保することができる。このことは、嵩上げによる発電量の増強の可能性を広げてくれる。嵩上げによって、下流域への予備放流の水量が増加しても、逆調整池ダムを設けることで洪水のリスクを防げるからだ。

佐藤代表は言う。

「嵩上げだけじゃなく、多目的ダムの運用を変更して発電量を増やすことも、同じように安全にできることだって、よく説明すればわかってもらえるはずです」

第2章で述べたように、ダムにはより多くの水を貯めたほうが水力発電の量は多くなるが、ダム湖が満水のときに大雨が降ると、下流の川が増水する危険がある。ダムがあふれないようにするために放流が必要になり、ただでさえ大雨で水位の上がっている川の水がさらに大幅に増えるからだ。

それを避けるためには、台風などの大雨を事前に予測して、そうなる前にダムを予備放流しておけばいい。現在の気象予報技術なら、数日前には大雨を予測できるので、ダム湖を満水にしておいても、大雨の前に予備放流を完了させることができると竹村は言う。

日本の川は、大陸の川とは違って源流から海までの距離が短いうえに、最も上流の地点と海に流れ込む河口地点との高低差が大きいから水流速度が速いという特徴があると、竹村は指摘する。

実際、福島県の川でもそうした特徴がある。県内の大河である阿賀野川《あがのがわ》では、上流のダムで放流を行えば、新潟県を通り二日半で海まで達する。もう一つの大きな川である阿武《あぶ》隈川《くまがわ》なら、宮城県を通過しなんと一日でダムの放流水は海まで流れてしまう。

ただ、技術的には可能であっても、それだけでは水力増強はできない。

「やっぱり、大前提は安全の問題ですよ。

水力増強を安全に実現するには、民間企業も地元自治体も政府も、国を挙げてみんなが一つになってやらないと。

私たちは、電力会社だから電力だけが大事だと言うのじゃなく、川の治水も含めて考えてほしい。国にしても地元自治体にしても、国や地元の未来のために積極的に川のエネルギー利用を考えて協力すべきです。

そこで、洪水の危険のある地点とダムの中間に、逆調整池ダムを造るんです。ダムから一気に流れてきた大量の水を受け止めて、それよりも下流に行かないよう防ぐためのダムなんですね。

こうしておけば、台風のときにダムの水位をいきなり下げても安全というわけです。

竹村先生が国交省の河川局にいたときにダムを造った経験から、逆調整池による発電量の増強というやり方についてよくご存じなんですね。それで、今では全国で逆調整池ダムが造られています」

例えば、福島県を流れる阿賀野川にある大川《おおかわ》ダムには、現在、約二万kWの発電設備があるが、逆調整池ダムを造ってもっと有効に運用すれば五万kWほどにまで増強できるという。

「逆調整池ダムは小さいから三〇〇億円くらいでできる。それで、三万kWも増えるんだからかなりの利益が上がるわけですよ。

実は、これと同じことを、福島県の別の川の流域でもやれるんです。

竹村先生が視察したところ、その流域に逆調整池ダムを造れば、その川にある一〇の発電所の全てが、安全を保ったまま、電力を増やせるということなんです」

福島県全体で見ると、逆調整池ダムを造って安全に発電増強するやり方をするには、より適している場所とそうでもない場所がある。適した場所での事業からは、巨額の利益が見込めるわけだ。

前にも述べたように、このやり方である場所の発電力が増強されて儲けが出たら、その利益の一部を、採算を取るのが難しい開発計画のための基金に回せば、水力発電の開発を加速できるはずだ。

三万ｋＷ以上の大電力もＦＩＴの対象にすべき

「電力の専門家は、水力の増強が有望なことをとっくに知っていたんですよ。先ほども話した、水力発電の設備を取り換えれば発電量が増やせるというのは、ずっと前から大手電力会社のほうでは知っていたんです。

例えば、電源開発はずっと前から、古くなった水力発電の設備の取り換えを計画していたそうです。東京電力も福島に一五ある発電所のうち八つの改修を終わってるんだな。それがもうできなくなっちゃった。

東日本大震災の影響で、大手電力会社に資金の余裕がなくなったからですよ。

東京電力はそのための資金を捻出するために、メガバンクに融資を頼んだらしいけれど、なかなかうまく進まないらしい。

もったいない話です。設備を新しくするだけで簡単に電力が増やせるとわかっているのに、資金の都合がつかないからできないなんてね。

だから、私らが提案したいのが、三万kW以上の発電所にもFITを認めることなんですよ。現在は、FITが認められているのは三万kW未満の発電所だけですが、こうした中小規模の水力発電の新規事業なら、この制度があるから、民間の金融機関が資金を融資してくれます。

もし、今後、三万kW以上の水力発電でもFITを認めてくれれば、大手電力会社に代わって、市町村が民間の専門組織と合同会社を作り、銀行から資金を借りることで、古くなった設備を新しくする事業をやることができるんです」

古い設備の改修をするだけで電力を増やせることを電力会社が認めているのなら、資金の問題を何とかするためだけでも、大電力についてFITを認めるのには意義がある。

「大きなダムの発電所の能力を伸ばそうというとき、最終的に電力会社がFITで引き取ってくれるという保証があれば、銀行などの民間金融機関が融資をしてくれます。

そうなれば、大規模な多目的ダムに発電所を新設したり、逆調整池を作って大幅に発電量を増やしたり、あるいは電力ダムの嵩上げや大規模なダムに絡む電力増強の事業をしたりする場合でも、私らのような民間の組織が地元の自治体と一緒になって、水力発電増強の事業を実現できるんですよ」

つまり、大電力の水力発電でもＦＩＴが認められれば、設備の改修と同じ仕組みで、様々な大規模な水力発電増強事業を実現できる道が開けることになるわけだ。

エネルギーミックスの中の水力の割合を上げる

水力発電を増強する竹村の理論を実践しようとすると、様々な法律や規制が立ちはだかって、なかなか進まないという現状が明らかになった。いわゆる岩盤規制である。

環境省、林野庁、農水省、国交省と、各省庁が各々の担当領域の規制を守らせようとする。もちろん、そうした法律や規制には存在理由があるし、順守するのは当然だ。

しかし、法律や規制の本来の目的のためには、どの程度までそれらを守るべきなのかは、省庁の裁量に任されている場合も多く、しばしば、過敏なまでの準備を要求される例があるのも事実だ。

こうした過剰な対応が求められてしまうのは、水力発電増強の意義が一般的に認められていないからという側面がある。

「岩盤規制をどうやったら外せるのかと思って、専門の先生方と相談したら、こんなアイデアが出てきたんです。

エネルギーミックスの中の水力発電の割合を上げればいいと言うんですね」

こう話すのは福島水力発電促進会議の佐藤代表である。

現在、経済産業省の資源エネルギー庁を中心に、将来の日本の電力の在り方をどうするのかという計画が作られていて、発電の方法別の割合をどうするのかという議論が進んでいる。

この「エネルギーミックス」という発電方法別の割合だが、水力発電の割合は「八・八~九・二%程度」とされている。

「この水力の割合をもっと上げて一五%ほどにしてしまえば、国全体で水力発電の増強へと向かうはずだ。そうなれば、各省庁の水力に対する対応も変わるはずだ」

という意見なのである。

「日本の再生可能エネルギーが伸び悩んでいるのは、水力発電の可能性を考えていないことも原因だと思うんです。

資源エネルギー庁のエネルギーミックスの見込みでも、水力を伸ばすことは計算に入っていない。福島県が立てた再エネ開発の目標値も、この資源エネルギー庁の数字を基にし

〈日本の2030年エネルギーミックスにおける再生可能エネルギー取り組み目標――電源構成〉

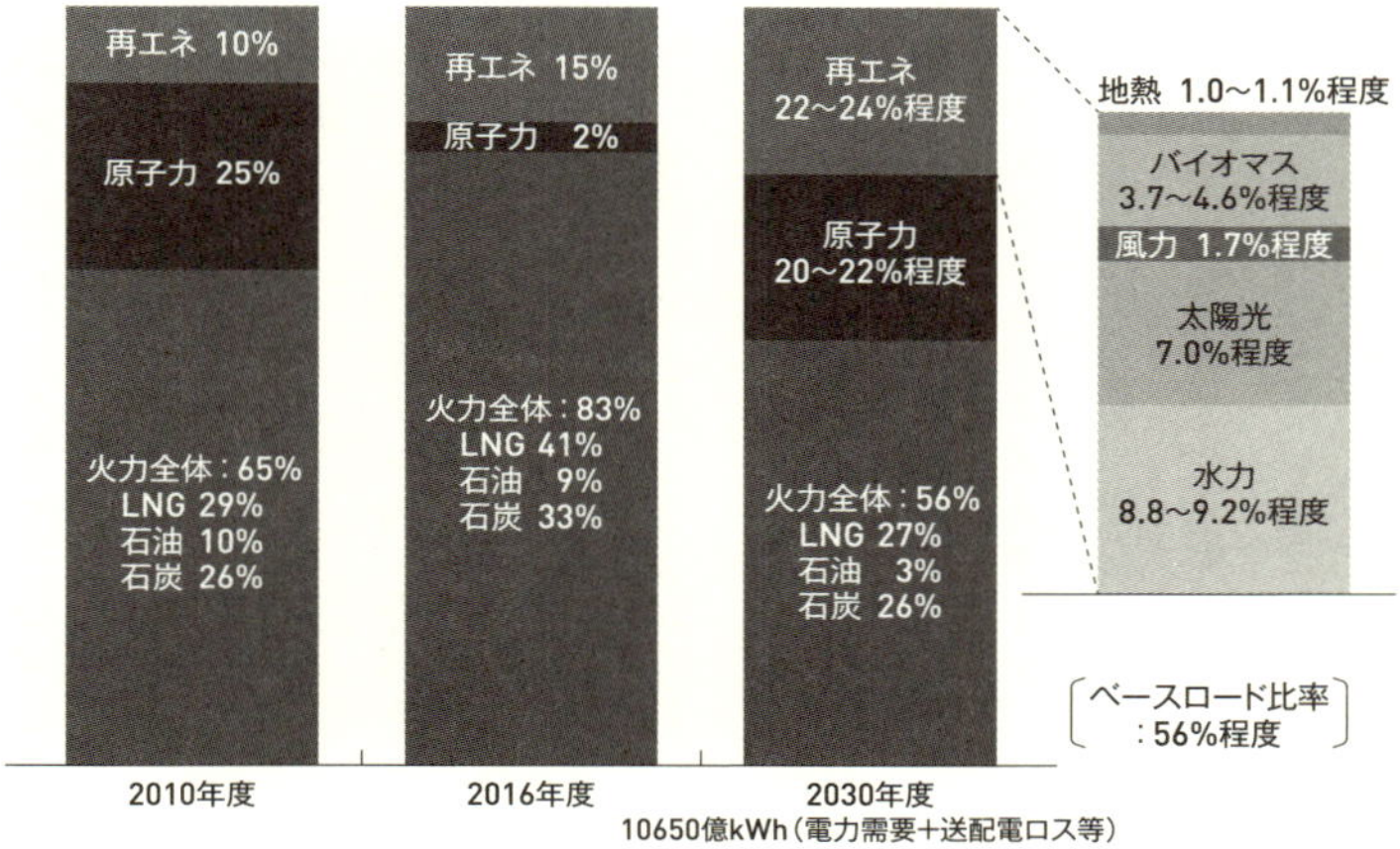

出典：経済産業省資源エネルギー庁「2030年エネルギーミックス必達のための対策」（2017年11月28日）ほか

ているので、水力を伸ばすことは含まれていませんでした。

でも、竹村先生の理論を皆さんが知れば、日本の再生可能エネルギーのみならず、エネルギー政策全体が変わるはずです。

太陽光発電の場合、系統連系がいっぱいになっていると言っても、発電しているのは日中だけです。夜間は送電線が空いている。その時間に風力発電などほかの再エネによる電力を流すことは可能なわけです。

これからは送電線を上手く使って、可能な限り有効利用する時代になるでしょう。

そうなってくると、ますます水力発電

の価値が見直されてきます。なぜなら、ダムに貯められた水で水力発電をやる場合、必要な時間に必要なだけの電力を起こすことができるからです」

例えば、夜間で太陽光発電が行われていない時間、太陽光のために使っていた系統を使って、夜間に風力発電の電力を送ることができる。

しかし、風力発電の場合、常に風が吹いているとは限らず、系統が空いたままになる夜もある。そんなとき、水力発電の電力を起こしてこの系統で送ることができる。

つまり、水力発電を使えば、送電線を遊ばせておく時間を少なくできるわけだ。

「もし、水力の割合が一五％になれば、再生可能エネルギー全体では三〇％だって不可能じゃなくなる。

先進国の中で再生可能エネルギーの開発が遅れ気味で、パリ協定で約束した数値を守るのが難しくなっている日本も、これならヨーロッパの状況に近づけるわけです。

これからの日本のエネルギーをどうするか、真剣に考える時期に来ていると思うんです」

佐藤代表はそう言う。

「化石燃料はそう長くはもたないし、地球温暖化の問題もある。エネルギーの使い方は世界的に曲がり角に来ています。日本の場合、化石燃料を輸入に頼ってきましたが、埋蔵量の限界に近づけば高騰するのは目に見えていますし、そうなる前に、対策を考える必要が

〈主要国の再生可能エネルギーの取り組み実績と目標〉

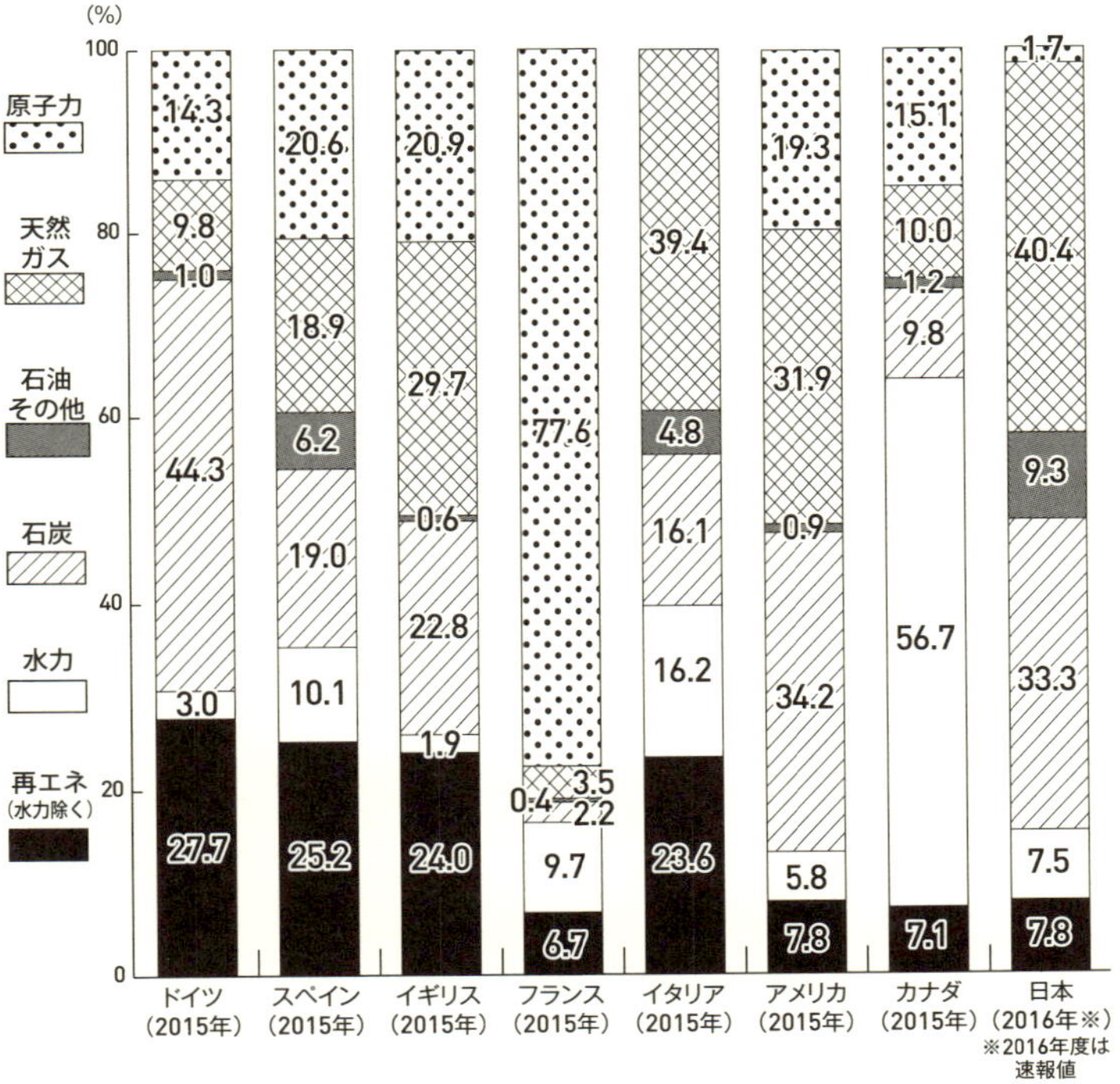

主要再エネ実績 ※水力除く	風力 12.3%	風力 17.7%	風力 12.0%	風力 3.8%	太陽光 8.1%	風力 4.5%	風力 3.9%	太陽光 4.8%※

目標年	2030年	2020年	2020年	2030年	2020年	2035年	―（国家レベルでは決めていない）	2030年
再エネ導入目標比率	50%以上総電力比率	40%総電力比率	31%総電力比率	40%総電力比率	35～38%総電力比率	80%クリーンエネルギー（原発含む）総電力比率	―（国家レベルでは決めていない）	22～24%総電力比率

出典：経済産業省資源エネルギー庁「2030年エネルギーミックス必達のための対策」（2017年11月28日）

編者注：日本の数値は2016年度の速報値であるため、水力発電の比率は、本文で説明してきた約9%より低い7.5%となっている。

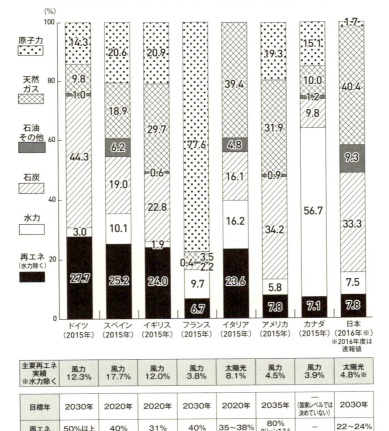

あるのは誰だってわかっていると思うんです。

そして、日本の将来のことを考えると再生可能エネルギーを伸ばしたほうがいいとなるんですが、今は少し伸び悩んでいるわけですね。

ところが、竹村先生の理論でわかるように、日本では水力発電を大きく伸ばせる可能性があるんです。これまであまり注目されてこなかった水力発電が伸びれば、再エネの比率も伸びることになり、日本のエネルギー政策全体が変わる可能性がある。

水力増強について国民全体で真剣に考えなきゃならんと思うんですが、肝心の情報が出てこないのが問題なんです」

大手電力会社のダムの情報は大手が持っている、国のダムの情報は国が持っているという具合で、なかなか外には出てこない。これからの日本のエネルギーをどう変えていくんだと考えようにも、考えるための情報がないと話にならない。

甚野源次郎《じんのげんじろう》代表は言う。

「水力発電の増強は、水力革命と呼んでもいいんじゃないでしょうか。日本のエネルギー政策全体が変わる可能性があるんですから。

そのためには、大手電力会社も国も都道府県も情報を共有して、政官民が一体になって考えなきゃならんと思うんですよ。

そうすれば、今の水力発電を三倍に増強することだって夢ではなくなるはずです」

収益率の低い再エネは系統連系の費用を国が負担すべき

現在、資源エネルギー庁が、中小水力発電事業の開発の目安としているのは、事業の内部収益率で七％以上という数字だ。ところが、現実には七％を超えるような事業はあまりない。

例えば、目安を超えるような事業は、太陽光発電の場合なら、都市近郊でしかも大容量の系統連系の空きがあり、送電設備負担の小さい場所で、造成工事も要らないようなまっ平らな地面にただ太陽光パネルを並べるだけ……といった事業に限られる。

山間地の水力発電の場合、系統連系の費用が非常に重いので、七％を超えるような事業は不可能だ。

だが、七％を超えていなくても、その事業が赤字でないのなら、潜在的な再エネの開発は社会的に意義がある。何度も述べたように、再エネは純国産エネルギーだから日本のエネルギーの安定化につながるし、温暖化対策となるから国際公約を果たすことに役立つ。

そうした公益性を考慮して、系統連系の問題の対策を考えてはどうだろうか。

例えば、七%を超えないような再エネ開発計画の場合、系統連系の費用は原則として国が負担するというルールを作るのである。あるいは、そうした事業の場合、税金の減免をするというルールでもいい。

仮にこうしたルールができれば、再エネの開発は一気に進むはずだ。

特に中小水力発電にとって、系統連系の負担がなくなることは意味が大きい。なぜなら、水力発電では、初期費用が非常に大きい代わりに、燃料費がかからないために維持費用がほとんどかからないという特徴があるからだ。

もし、系統連系の費用がなくなれば、事業にかかる経費が一気に減ることになる。そうなれば、中小水力発電事業の可能な地域はけた違いに増えるはずだ。

窓口を一本化する「再エネ推進委員会」

水力発電の増強がなかなか前に進まない現実を述べてきたが、その原因の一つは、事業化のためにクリアしなければならない規制や手続きが、あまりに広範な行政分野に及んでいることだった。

国の行政レベルで言えば、自然公園法を所管するのは環境省、農業用水に関しては農水省、水源地の国有林は林野庁、発電設備の許認可は経産省、そして河川の管理に関しては国交省という具合に分かれていて、それぞれの省庁に対して別々に書類を提出し、許認可を得なくてはならない。

そのため、事業をスタートするために行政からのゴーサインを得るには、大変な労力と時間を要してしまう。

県の行政に関しても、国の場合と同様の行政区分があり、許認可申請は別々の部署に対して行う必要があるので、手続きに要する手間や時間が同じように膨大になる。

福島水力発電促進会議での経験から言えば、一つの水力発電に関する事業に必要な手続きを済ませるのに、現状では五年から六年はかかってしまう。

これでは、水力発電の増強が遅々として進まない。

そこで、提案したいのが、水力発電の増強事業に関する行政窓口を一本化し、「再エネ推進委員会」を創設することだ。

例えば、農業関連の行政手続きに関しては、現在、各都道府県には農業委員会という窓口があって一本化されている。もし誰かがある農地を使いたいと考えたときは、複数の行政窓口を転々とめぐる必要はなく、農業委員会に申請するだけでいい。

農業委員会には関連する行政部署の担当者が集まり、打ち合わせと調整を行い、申請を認可するかどうかをその場で決めることができる。また、申請に不備があるのなら、どこをどう直せばいいのか全てわかるので、申請者にも修正箇所がわかりやすいので、再申請して認可を受けるのも簡単になる。

この農業委員会と同じような仕組みを水力発電に関しても作れないかということだ。各都道府県だけでなく、国政レベルでも窓口が一本化されれば、水力発電の開発は一気に進むと思われる。

これは水力発電だけの問題ではなく再生可能エネルギーの開発に共通することだから、再エネの開発に関する全てを扱う一本化された窓口の設置が良いのではないか。

公益性のある事業に関して行政が窓口を一本化する試みは、既に市政レベルで実現している例がある。

例えば、横浜市には共創フロントという窓口が設けられているし、神戸市にも公民連携推進室という窓口がある。

こうした窓口を都道府県や国政レベルでも作ることができれば、水力発電を含めた再エネの開発は加速するはずだ。

河川法改正までの道筋を福島が付ける

水力促進の具体的な道筋について、甚野代表はこう話す。

「私たち福島水力発電促進会議は、水力発電を促進する請願書を県議会に出して採択されました。

その後、国に同じ内容の意見書を届けたんですよ」

平成二九年（二〇一七年）六月に福島県議会に提出した請願書の内容はこうだった。

請願の趣旨は二つある。

1、河川法を改正し「水力エネルギーの最大活用」という言葉を追加すること。

2、各行政機関の支援を得た民間業者によるダム等を利用した水力発電設備の新設と運用ができるようにすること。

この二つに関連して、多目的ダムの運用変更と水源地域還元方式の実現を訴えた。

この請願書は福島県議会で採択され、同年七月に、福島県議会意見書として同じ内容が、衆参議長、内閣総理大臣および国土交通大臣、経済産業大臣あてに提出された。

さらに、甚野代表は言う。

「そういう面では、県が国を動かそうとしていることになりますが、実は、福島県には実例があるんです。

あの震災の後、当時の野党だった自民党と公明党が特別措置法を作ったのですが、そもそもは、福島県から声を上げることから始まりました。当時の佐藤雄平《さとうゆうへい》福島県知事を含め県内の与野党が一体となって国を動かして特措法の成立となりました」

福島特措法はあくまでも特殊な事情があったから可能だったとも言えるが、国の法律を地方からの声で成立させるのは画期的な出来事だった。

「今回も、あのときと同じように超党派の議員連盟を作り、河川法という国の法律を改正することができると考えています。

平成二九年（二〇一七年）一二月の福島水力発電促進会議には、太田元国土交通大臣に駆けつけていただき、力強いご挨拶をいただいています」

超党派の議員連盟ができれば、発信力は高まっていく。水力発電の可能性を理解する人が増えていき、開発の必要を訴える声が広がっていけば、それが政治を動かす原動力となるはずだ。

河川法改正のためのモデルとして特区に

「ただし、この河川法改正は、複数の省庁が絡む難しい事案ですし、国のエネルギー問題に関する大きなプロジェクトですから、簡単にはいかないでしょう」

慎重な見方をするのは、甚野代表だ。

「そこで、法改正の前に、福島県で試験的にこれを試してはどうかという提案をしようと思っているんですよ。

現在の法律を、まず、福島県でだけ、試みとして例外的に違う形に運用できるようにするんです。そのために、福島県を再生可能エネルギーの開発に関する特区にしてもらう。

つまり、再エネ特区ですね」

特区とは、第二次安倍政権が成長戦略の柱の一つとしている「国家戦略特別区域制度」と「復興特別区域制度」のことだ。

「国家戦略特区」では、既に、宮城県仙台市（女性活躍・社会起業）や秋田県仙北市（農林・医療の交流）が認定を受けている。

この制度を利用すれば、福島県内についてだけ、例外的に再生可能エネルギーの開発をしやすいルール運用が可能になるわけだ。

佐藤代表も言う。

「福島県をモデルとして特区にするんです。福島県内の川についてはエネルギー利用のための便宜を図る、そのための特区です。

現在のところ、新たに水力発電所を造ろうとしたり、水力の増強をしようとすると、林野庁、農水省、国交省、経産省などから様々な規制がかかります。特区では、そうした規制をできる限り外すという条件を付けるんですよ。

また、福島県の水力発電に関しては、新しい開発を促進するため、関係者は情報開示を原則として義務付けるんです。

実験として、福島県内で水力発電増強を試みれば、現実的に何が必要で何が有効なのか、今までの規制のどれをなくしても問題ないかということが、明確になるはずです。

その結果を見て、日本全国にそれを活かせばいい。

河川法の改正が本当に必要かどうかについても、きちんとわかると思うんですね」

全国へ向けて水力発電の促進を訴える。機運が盛り上がったら、全国の支援を受けて、まずは福島が特区としてモデルになる。福島でデータを蓄積したら、それを基にして法改正を行い、全国に適用する。

つまり、まず福島を再エネ特区にして実践し、それから河川法改正へと向かおうということなのである。

福島特措法が有効な時間はもう残り少ない。特措法の期限が切れる前に、何とか福島県を再エネ特区にしたいものだと両代表は言う。

福島全体を実践の場所に

いきなり河川法を改正することが難しければ、まず、福島をモデルとして実践したらどうか。

これが佐藤、甚野両代表の意見だ。日本全体の水力増強のためのモデルとして特区というのは良いアイデアかもしれない。

しかし、そのために福島県全体を特区指定する必要があるのだろうか。

「一部だけ特区にするという考え方もあるでしょう。

例えば、只見川《ただみがわ》の場合なら、この川の流域だけを特区にして開発することは可能だと思います。事実、かつて、電源開発促進法を使って只見川の水力発電をやったんですから。

でも、私らの考えているのは、可能な限り大幅に水力発電を増強することなんですよ。

そのためには、様々な条件の川について水力増強を試さないといけない。

福島県には、会津地方の只見川だけでなく、阿賀野川《あがのがわ》本流の大川《おおかわ》ダムもあれば、中通り《なかどおり》の蓬莱《ほうらい》ダムもあります。浜通り《はまどおり》の川のダムもあるんです。可能な限りの水力増強を試みるなら、これらについても開発しなければ意味がありません。

私らの試算では、こうした福島県内の全ての川について水力発電の開発を進めれば、全体で年間八〇億ｋＷｈの電力を増やせるはずです。

もし、再エネ特区に指定されることでこれに成功すれば、河川法改正によって同じことを日本全国でやれます。そうなれば、日本の水力発電を三倍にできるんです」

河川法の改正には様々な難しい問題がある。

水力エネルギーの活用と河川の安全性の両立、あるいは産業用水や生活用水の確保に支障をきたさないこと、河川の環境を維持することなど、ほかの重要な目的との矛盾が生じないか、慎重に考える必要がある。

そうした課題を解決するためには、具体的なデータが必要だが、福島を再エネ特区にするという構想は、そのデータを集めるテストという意味を持っている。

例えば、前の章でも紹介したように、竹村理論の一つに、多目的ダムの通常の水位をもっと上げて、台風などの大雨が近づいたら放流して治水のための容量を確保するというやり方で、多目的ダムの発電量を増やすというやり方がある。

残念ながら、現状の法律では、気象システムの予報と連動させて大雨の前に放流することは難しい。

しかし、再エネ特区になれば、このシステムの実証実験が可能になるかもしれない。県内の多目的ダムで、安全性を確認しながら大雨予想による放流の量を少しずつ増やしていけば、このシステムのための貴重なデータを集積できる。

また、仮に河川法が改正されても、水力エネルギーの最大活用のためには下位の関連法が必要であり、竹村によればそれには五年の時間が必要だという。

だが、特区でテストを行うというやり方ならば、あくまでも福島県という限られた範囲の限られた時間でのことだから、暫定的なルールをすぐに適用して、試すことが可能となる。特区で試すことで、全国に適用すべき法律を、効率よく作るのに役立つと考えられるのだ。

つまり、福島再エネ特区は河川法改正の早道であるだけでなく、水力発電増強を全国に展開する早道ともなるわけである。

水力発電の増強を実現するために

最後にもう一度、福島水力発電促進会議の提案をまとめる。

①河川法の改正と関連法の整備

②日本のエネルギーミックスにおける水力発電の地位向上

③官民一体となった開発促進と水源地域還元方式

④開発速度を上げる窓口の一本化

そして、この四つを総合的に評価するための、

⑤福島再エネ特区

これらによって、日本の水力発電の増強は加速するはずだ。

エピローグ

子供たちに幸せな郷土と国を遺すために

政官民が一体になって水力革命を

何度もご紹介してきたように、福島県では、二〇四〇年までに、原発に依存しないで、県内に必要なだけのエネルギーを再生可能エネルギーで調達しようという目標を掲げている。

「あの震災と原発事故のとき、世界からご支援していただいた福島県ですから、再生可能エネルギーの先進地となって、みごとに福島が新しい形で再生したと、世界の人々に発信できるようにする使命があると思っています」

そう甚野源次郎《じんのげんじろう》代表は言う。

さらに、甚野代表は地元出身の偉人の言葉を引いて、こう話す。

「福島の復興は、以前と同じに戻すということではないと思うんですよ。新しい福島として繁栄を目指すべきです。

そして、再生可能エネルギーは、新生福島という形での復興のシンボルになるのではないでしょうか。

平成三〇年（二〇一八年）は、福島県が生んだ世界的な歴史学者である朝河貫一《あさかわかんいち》博士

（イェール大学教授）の没後七〇年に当たります。原子力発電所事故の『国会事故調査報告書』の中に、朝河博士の『人生最大の快事は理想の天地を築くにあり』という言葉が紹介されています。

再生可能エネルギーで福島県に理想の天地を築くこと、今、福島県に生きている私たちがそういう使命を負っているとすれば、水力発電の増強こそ理想の天地を作るカギとなる事業に違いありません。

水力発電において基本的なインフラであるダムは、竹村先生によれば一〇〇年間使えるそうです。政官民が一体となって水力革命を起こし、そのダムの潜在的な機能を十分に活かし、水力発電を増強することこそ、私たちが一〇〇年後の子孫へと遺すことのできる財産、宝なのだと思います」

再エネを地方経済の活性化に役立てる

大手ゼネコンは、東京オリンピックや震災復興などが重なり仕事が多すぎて人手不足だが、地方の建設業は人手不足に加えて、二〇二〇年以降の公共事業の先細りを心配しなければいけない状況だ。

地方の産業の実態を見ると、建設業は地方経済の一〇%から一五%を占めると言われている。地方経済を支えている建設業が沈滞化すると、地方全体が苦しくなる。

そんな現実の打破について、佐藤代表は言う。

「再生可能エネルギーに参入すれば、地方の建設業は生き残れると思うんですよ。地方は厳しい時代ですから、新しい仕事が生まれるところには入っていかなきゃいけない。特に、再エネは、どれも建設業の仕事がありますからね。

太陽光発電にしろ風力発電にしろ、発電所を造るときには、建設業が仕事をする必要ができます。さらに再エネを勉強して、その後のメンテナンスにも地元建設会社が取り組めばいい。水力発電の増強ももちろん建設業の出番です。水力発電を行う場合、建築と土木、機械設備を含めた予算が、事業費全体の四割から五割を占めると言われています。

こうやって、再生可能エネルギーを伸ばすことは、地方の建設業界の苦境を救うことになりますし、長期にわたって仕事を生んでくれることにもなり、ほかの産業への波及効果も見込めて、地方経済の基盤を強くする効果をもたらします。

結果として、再エネは地方の殖産興業になるんですよ。

私らは福島県の皆さんにそう言っているんですが、なかなか重い腰が上がらない。それなら、自分らが先陣を切って成功例を作ればいい。それを見て皆さんが賛同すれば、積極的に協力してもらえるだろうと、そう考えているんですよ」

再エネ先進県の未来像

福島県が目標として掲げた「県内のエネルギー需要に匹敵するエネルギーを再エネで生み出す」ことが達成された未来の福島について、福島水力発電促進会議はこんなふうに想像している。

まず、二〇三〇年ごろ、復興予算で支援された資金を再エネ開発に投資した結果、年間四〇〇〇億円を超える売り上げが出ている。福島発の再エネ電力が、ＦＩＴ（固定価格買い取り制度）を利用して首都圏へと売られるのだ。これがまず事業者の収入になる。

再エネ事業者には、電力を作る企業や売る企業のほか、再エネ関連の最新技術を活かしたベンチャー企業も立ち上がっている。四〇〇〇億円の売り上げはこうした関連企業へと広がり、多数の雇用を生んでいる。再エネ関連の雇用が増えることで、福島経済を活性化させているわけだ。

さらに、売電の利益の一部は、全国の再エネ事業向けの商品やサービス開発へと再投資されている。この頃には、既に事業化に成功しているベンチャーもあり、さらなる利益を生み出しているだろう。

そして、二〇四〇年ごろ、ついに「県内エネルギー需要に匹敵するエネルギーを再エネで生み出す」ことを達成する。

この頃にはFITの期限が切れていて、電力一kWh当たりの売電価格は二〇円ほどから一〇円ほどと、半額になっているだろう。だが、二〇年間のFIT期間で、発電事業の初期投資は既に回収が終わっている。売電による収入のかなりの部分が利益になっていて、再エネ事業は安定した黒字経営を続けられるだろう。

特に水力発電は、初期投資さえ回収すれば、発電の原価が極めて安い。一kWh当たりわずか数円で電力を生み出せる。安い電力であることに加え、非常に安定的に発電できるから、首都圏に送るよりも、地元の生活用や産業用に使うのがリーズナブルだ。

そのため、福島県は、首都圏に比べて格段に電力が安い地域になっている。住宅での電力が安いことはもちろん、県内産業も安い電力の供給を受けて、コスト面での有利を活かすことができる。

さらに、この頃には、再エネ関連のベンチャーが次々に成功している。本社機能を福島県内に置きつつ、再エネに関する様々な製品やサービス、あるいは再エネ運営のノウハウなどのソフトを全国へ、あるいは世界へと販売していて、それらの利益を県内にもたらしている。

このように、再エネ先進県となった福島は、再エネにより経済的に潤《うるお》うようになっているが、あの東日本大震災と福島第一原発の事故により失われた県内総生産は年間一兆円を超えるが、再エネのトップランナーとなることで、それを上回る新たな産業力を得ているだろう。

これが、福島水力発電促進会議の描く、再エネ先進県福島の未来像なのである。

子供たちの未来のために

水力発電の増強で再エネ開発を加速し、その成功で、福島県と日本の未来を拓くというお話をここまで述べてきた。

最後に、長年、教育界で尽力してきた望木《もぎ》昌彦《まさひこ》代表は語った。

「五年後、一〇年後にどうするか、具体的に考えて、福島県の今をどうするか決めていかなければいけないと思うのです。

被災地の子供たちは、大人よりも危機意識が高いんですよ。そのことは、教育の現場にずっと立ってきた私には、肌身にひしひしと感じられるんです。

このまま何もしないのでは、福島県は衰退してしまいます。将来のために、今のうちに新しい産業を育成しなければ、若い人たちは福島県に居られなくなるんです。子供たちに、再エネ先進県になるという福島の具体的な未来像を示してあげることには大きな意味があります。

彼らが、再エネ関連のベンチャー企業を立ち上げ、全国に発信し、地元社会に貢献する。子供たちが明るい未来を描けるように支援することが、私たち大人の責務なのではないでしょうか」

どうか、子供たちに幸福な未来を、幸せな郷土と国を遺せますようにと、心から願いを込めて、これからも福島水力発電促進会議は活動していく決意だ。

【監修者紹介】
竹村公太郎（たけむら　こうたろう）
1945年生まれ。1970年、東北大学工学部土木工学科修士課程修了。同年、建設省（現国土交通省）入省。以来、主にダム・河川事業を担当し、河川局長などを歴任。2002年、国土交通省退官後、リバーフロント研究所代表理事を経て現在は研究参与。日本水フォーラム代表理事。2017年から福島水力発電促進会議座長も務める。2017年度土木学会賞（功績賞）受賞。著書に『水力発電が日本を救う』（東洋経済新報社）のほか、『日本史の謎は「地形」で解ける』（PHP文庫）シリーズなどがある。

【編者紹介】
福島水力発電促進会議（ふくしますいりょくはつでんそくしんかいぎ）
2017年6月発足。竹村公太郎の著書『水力発電が日本を救う』の理念に基づき、既存ダムへの発電設備新設や嵩上（かさあ）げなどで水力発電の潜在力を引き出し、福島県再生可能エネルギー推進政策へ貢献することを目指す。あわせて、地元企業の事業参入により水源地域をはじめとする県内の雇用・経済波及効果の創出も図る。県内の政財界関係者で構成。竹村公太郎が座長、望木昌彦（尚志学園理事長）、甚野源次郎（公明党県本部議長）、佐藤勝三（ふくしま未来研究会代表理事）の3人が共同代表。佐藤憲保（福島県議会議員）、瓜生信一郎（同）、今井久敏（同）のほか、福島県エネルギー課長および東北電力・東京電力の担当者がオブザーバーで参加。県内での実践を踏まえ、「ふくしまモデル」として全国に波及させることも目指す。
住所 〒960-8031 福島県福島市栄町10番4号 エスケー栄町ビルⅢ 2階
電話番号 024-522-4610　　ファックス番号 024-572-7278
ホームページ https://www.fukushima-suiryoku.com/

水力発電が日本を救う　ふくしまチャレンジ編
2018年8月16日発行

監修者——竹村公太郎
編　者——福島水力発電促進会議
発行者——駒橋憲一
発行所——東洋経済新報社
〒103-8345　東京都中央区日本橋本石町1-2-1
電話＝東洋経済コールセンター　03(5605)7021
https://toyokeizai.net/

装　丁……………………………泉沢光雄
カバー写真（十六橋水門）……アフロ
ＤＴＰ……………………………タクトシステム
印刷・製本………………………丸井工文社
Printed in Japan　　ISBN 978-4-492-76244-8